O INVENTOR

O INVENTOR
Miguel Bonnefoy

Tradução: Julia da Rosa Simões

Copyright © Éditions Payot & Rivages, 2022

Título original: *L'Inventeur*

Todos os direitos reservados pela Editora Vestígio. Nenhuma parte desta publicação poderá ser reproduzida, seja por meios mecânicos, eletrônicos, seja via cópia xerográfica, sem a autorização prévia da Editora.

DIREÇÃO EDITORIAL
Arnaud Vin

REVISÃO
Alex Gruba

EDITOR RESPONSÁVEL
Eduardo Soares

CAPA
Diogo Droschi

ASSISTENTE EDITORIAL
Alex Gruba

DIAGRAMAÇÃO
Christiane Morais de Oliveira

PREPARAÇÃO DE TEXTO
Sonia Junqueira

Dados Internacionais de Catalogação na Publicação (CIP)
Câmara Brasileira do Livro, SP, Brasil

Bonnefoy, Miguel
  O inventor / Miguel Bonnefoy ; tradução Julia da Rosa Simões.
-- 1. ed. -- São Paulo : Vestígio, 2023.

  Título original: L'Inventeur
  ISBN 978-85-54126-95-7

  1. Ficção francesa 2. Biografia I. Título.

23-145331   CDD-843

Índices para catálogo sistemático:
1. Ficção : Literatura francesa 843

Aline Graziele Benitez - Bibliotecária - CRB-1/3129

A **VESTÍGIO** É UMA EDITORA DO **GRUPO AUTÊNTICA** ⓒ

São Paulo
Av. Paulista, 2.073 . Conjunto Nacional
Horsa I . Sala 309 . Bela Vista .
01311-940 São Paulo . SP
Tel.: (55 11) 3034 4468

Belo Horizonte
Rua Carlos Turner, 420
Silveira . 31140-520
Belo Horizonte . MG
Tel.: (55 31) 3465 4500

www.editoravestigio.com.br
SAC: atendimentoleitor@grupoautentica.com.br

*À Maya
que vê o sol
mesmo quando ele não brilha.*

*Ao concluir um cálculo sobre a força das alavancas,
Arquimedes disse que poderia levantar o mundo.
De minha parte, afirmo que a concentração do calor
que irradia do sol poderia produzir uma força capaz
de interromper o movimento da terra.*

Augustin Mouchot

1

Seu rosto não aparece em nenhum quadro, em nenhuma gravura, em nenhum livro de história. Ninguém participa de suas derrotas, raros são os que assistem a suas vitórias. Em todos os arquivos referentes à sua época, a França conserva dele uma única fotografia. Sua vida não interessa nem ao poeta, nem ao biógrafo, nem ao acadêmico. Sua discrição não é cercada de mistério e sua doença não está envolta em grandeza. Sua casa não é um museu, suas máquinas quase nunca são expostas, o liceu onde ele fez as primeiras demonstrações não leva seu nome. Ao longo de toda a vida, esse guerreiro triste precisa se erguer por si mesmo e, apesar da solidão, que poderia ter a têmpera e a força dos gênios da sombra, seu destino não é sequer o de um herói caído. Ele não pertence à linhagem dos imortais sem memória, de nomes proibidos. Augustin Mouchot é um dos grandes esquecidos da ciência não porque foi menos perseverante em suas explorações ou menos brilhante em suas descobertas, mas porque sua loucura criadora de pesquisador teimoso, frio e severo se voltou obstinadamente à conquista do único reino que nenhum homem jamais pôde ocupar: o sol.

Naquela época, início do século XIX, ninguém se interessava pelo sol. A França, dando as costas para o céu, se empenhava em vasculhar as entranhas da terra para extrair, todos os dias, milhares de toneladas de carvão. As cidades eram iluminadas a carvão, as camas eram aquecidas a carvão, a tinta era fabricada com carvão, a pólvora era à base de carvão, os pés de porco eram cozidos no carvão, os sapateiros faziam suas solas com carvão, os leprosários eram limpos com carvão, os romancistas escreviam a respeito do carvão e, todas as noites, em seu quarto no palácio, vestindo uma camisola abotoada com flores de lis, o rei adormecia pensando num enorme bloco de carvão. Embora ele fosse caro, esgotável e poluente, no início daquele século não havia nenhum empreendimento, nenhuma profissão, nenhuma arte e nenhum setor que não recorresse, de um modo ou de outro, ao carvão.

Entre todas essas atividades, havia uma que o consumia em grande quantidade, pois consistia em produzir calor suficiente para retorcer o ferro: a serralheria. Naquela época, as serralherias ainda conservavam a rusticidade medieval das velhas forjas, onde o bronze era batido para fazer corrimões de escadarias e onde eram construídas grades de metal para os jardins dos vilarejos, mas tinham começado a se desenvolver com mais *finesse* no dia em que Luís XVI, muito antes de ser guilhotinado na Praça da Revolução, estabeleceu um ateliê de serralheria nos andares superiores de Versalhes. Ao longo de trinta anos, em meio à maior clandestinidade, o último rei da França se divertira reproduzindo as fechaduras das portas do castelo, com seus trincos e mecanismos de segurança, e dizia-se que ele mesmo criara a fechadura do armário de ferro que guardava as cartas secretas dos monarcas, cuja chave ele levava presa a um colar em seu pescoço. Muitos anos depois, quando sua cabeça rolou no cadafalso diante de uma multidão em delírio, um jovem borgonhês chamado Jean Roussin, que assistira ao espetáculo, encontrou uma chave de prata no meio da lama, escondida num tufo de cabelos, e a vendeu na Rue Saint-Denis por algumas moedas, sem imaginar que tinha nas mãos o segredo mais bem guardado do reino.

Com o dinheiro, ele abriu uma serralheria na Côte-d'Or, em Semur-en-Auxois, uma aldeia de três mil almas e dois campanários. Instalou-se numa casa às margens do Rio Amance, casou-se e teve cinco filhas. Quinze anos depois, a última, Marie Roussin, uma jovem silenciosa e melancólica, se apaixonou por um aprendiz do pai, um certo Saturnin Mouchot, e passou o resto da vida numa rua vizinha dando à luz seis filhos.

Assim nasceu, em 7 de abril de 1825, na esquina das ruas Pont-Joly e Varenne, no canto mais afastado da luz, na sala dos fundos de um ateliê de serralheria, o homem que inventaria o uso industrial do calor solar. Naquele dia, embora fosse primavera, ainda fazia frio. Brisas geladas batiam nos vidros das janelas quando Marie Mouchot se refugiou perto da caldeira, onde estavam empilhadas velhas chaves etiquetadas, e sentiu uma dor intensa no baixo ventre. Na solidão do ateliê, ela se acocorou, levantou o vestido e deu à luz atrás da bancada de trabalho sem soltar um gemido, com um discreto ruído de ossos estalando, em meio a um anonimato tão completo e a um silêncio tão austero que ela teve a impressão de que uma fechadura se abria entre suas pernas. O bebê caiu sobre um saco de cinzéis e ferrolhos, cheio de sangue e gordura, e quando, alertado pelo choro do recém-nascido, Saturnin Mouchot irrompeu no ateliê, pegou uma torquês e cortou o cordão como se fosse um cabo de ferro.

No dia seguinte, o menino foi chamado de Augustin Mouchot. Acrescentou-se Bernard como segundo nome, em homenagem a um remoto ancestral ferreiro. Mas como na época era comum os bebês morrerem antes de completar um ano de vida, como o ensino não era obrigatório e as crianças precisavam trabalhar assim que podiam caminhar, ninguém de fato percebeu seu nascimento e, desde suas primeiras horas de vida, foi como se ele sempre tivesse estado ali.

Com seis meses, Mouchot já estava exausto de viver. Ele não tinha as dobrinhas rechonchudas dos bebês saudáveis nem o brilho inesperado dos predestinados, e parecia prestes a ter uma apoplexia a qualquer minuto, todo enrugado e mirrado, como um sapo doente que, apesar de alimentado com o espesso leite das vacas de Montbard, tinha a pele parecida com uma manjedoura de pedra. Ele comia mal, dormia mal, enxergava mal. Só abriu os olhos no final do quinto mês de vida, e sua mãe, com grande preocupação, percebeu que ele não distinguia nada que estivesse a mais de dez centímetros de distância. Uma tarde, quando tinha apenas um ano, ele não conseguiu desviar de um pé de mesa e fez com que caísse, bem em cima de sua cabeça, uma caixa de ferramentas tão pesada que sua testa precisou ser costurada com uma agulha de curtume. Todos acreditaram que o impacto o tornara idiota. Embora não o tenha embrutecido totalmente, o acidente provocou em seu corpo uma anemia precoce. Ele atraiu para si todas as doenças que a Borgonha acumulara ao longo dos séculos, tanto que não houve nenhuma bactéria, nenhum vírus, nenhum germe que não tenha se alojado no corpo do menino Mouchot no ano de 1826. Ele teve varíola, escarlatina, difteria, febre, uma diarreia que durou catorze dias e uma forma rara de clorose que se dizia reservada às moças da alta sociedade. Por muito tempo, a vizinhança se perguntou como aquela criatura sem forças e sem resistências conseguiu sobreviver a tal onda de infecções.

O menino passou os três primeiros anos de vida na cama. Nunca via a luz do sol, fechado na penumbra do quarto, velado pela mãe à luz de lamparinas. A carência de vitaminas se acentuou com a chegada do verão e cobriu sua pele com uma constelação de manchas vermelhas, descamações, inflamações fétidas em placas arredondadas. Foram chamados curandeiros e charlatões, que lhe aplicaram óleo de chaulmoogra e penduraram um sino em seu pescoço, convencidos de que ele estava com lepra. Foi um médico de Dijon que, entrando por acaso na serralheira, examinou-o com mais atenção e declarou que não se tratava de lepra, mas de um distúrbio epidérmico causado pela falta de sol. Por conselho seu, o pequeno Augustin foi sentado no meio da praça da aldeia às três horas da tarde, em plena onda de calor, para que suas placas secassem, mas o súbito excesso de sol lhe causou uma brutal insolação, suas manchas aumentaram, e ele precisou passar o quarto ano de vida com o corpo besuntado de mel e pomadas de tomilho. Aos cinco anos, ele parecia um múmia lúgubre, imóvel e lívida, desfigurada pelos remédios. Quando fazia uma sesta longa demais, ele temia que o enterrassem vivo. Foi por isso que, assim que aprendeu a escrever, adquiriu um hábito que nunca o abandonou, sempre deixando, antes de adormecer, uma mensagem prudente sobre a mesa de cabeceira:

Embora pareça, não estou morto.

Saturnin Mouchot, em contrapartida, percebeu nessa fragilidade uma força a ser explorada. Ele via que o filho era franzino demais, miúdo demais, para exercer um ofício tão pesado quanto o de serralheiro, mas notara que suas mãozinhas ágeis e seus dedos finos, pouco comuns na linhagem Mouchot, eram perfeitos para atividades de precisão. Assim, longe do cavalete para brocar, longe das ferramentas para talhar o ferro, longe do mandril para furar a quente, ele o instalou no fundo do ateliê, num recanto escuro, para que ele triasse as hastes e dobradiças por tamanho, classificasse os eixos e grampos, ordenasse as braçadeiras por calibre. Augustin se revelou tão habilidoso quanto um ourives. Outras crianças teriam cometido erros, mas ele era de uma exatidão espantosa. Podia-se pedir a qualquer momento que agrupasse centenas de peças minúsculas, catalogasse limas por ranhuras ou raspadores por lâminas, limpasse os atiçadores mais sujos e os brunidores mais oxidados, ele nunca se enganava. Mas o que mais impressionou os artesãos foi que, antes mesmo de aprender a ler, ele começou a desenvolver um sistema de codificação para cofres, através de uma combinação de números que permitia criptografar signos, com uma velocidade de raciocínio extraordinária e uma lógica que não eram próprias de sua idade, como se os longos anos de isolamento tivessem marinado em seu cérebro um dom natural para o cálculo mental.

Sua mãe percebeu isso antes de todo mundo. Num fim de tarde em que era ajudada por ele na oficina, ela o viu desmontar e remontar o mecanismo de um relógio numa velocidade vertiginosa, e decidiu tirá-lo daquela vida de artesão da sombra, pressentindo secretamente que aquela criança enfermiça, frágil e delicada, talvez fosse a única pessoa daquele vilarejo que um dia poderia abrir as portas de Paris. Esperou o fim do verão e, no início de setembro, pegou o filho pelo braço, atravessou a praça da igreja e se dirigiu à única escola da aldeia.

Atrás da ponte Pinard, ainda protegida por canhões, na Rue du Rempart, uma escola fora instalada num imponente prédio de alvenaria e pedra, com duas janelas estreitas como dois morteiros, que mais parecia uma fortificação gótica do que um estabelecimento escolar. Augustin recebeu uma educação de acordo com os costumes da época, com chicotadas e relatos de batalhas, tiras de cânhamo presas a um cabo e histórias gregas, mas se manteve imperturbável. Nunca protestou, nem mesmo quando o obrigaram a se ajoelhar sobre sementes secas por duas horas, com o olhar fixo no chão, nem quando foi posto de castigo no meio do pátio, com os braços para cima. Para quem sobreviveu a tantas doenças, tantas lesões, tantos sofrimentos, nenhuma punição podia rivalizar com as adversidades da infância.

Aos onze anos, ele se fechou num retraimento profundo. Reservado demais, passava por arrogante. Como era apagado e taciturno, ninguém saberia dizer nada a seu respeito, e os colegas de classe, até o fim de sua vida, sempre teriam muita dificuldade de dizer qualquer coisa sobre sua juventude. A alegria festiva da adolescência e os desejos impetuosos, a diversão dos mistérios e as tentações da aventura, tudo aquilo que, para os outros, constituía a exaltação selvagem das primeiras paixões, encontrava em Mouchot uma resistência espartana. Ele logo se tornou apático, calado. Não se comovia com nada, e nem mesmo a morte da mãe o comoveria mais tarde, nem a gangrena de um irmão. Durante os cinco anos do primário, Mouchot não expressou nada, não teve nenhum amigo e, quando foi enviado para o colégio interno de Dijon, partiu de bolsos vazios, sem dinheiro nem aspirações, não tendo guardado daquele período nada além de um vago cheiro de ferro batido e pomadas de tomilho.

Em Dijon, ele pegou cólera. A França, então em plena expansão industrial, se estendia por um território de quarenta milhões de habitantes, atravessado por dezessete mil quilômetros de vias férreas e coberto de pontes e estações, pelas quais as pessoas se deslocavam com tanta facilidade que se tornava impossível frear a epidemia. Os conventos e os hospitais logo ficaram lotados, os mortos já não eram contados no asilo de Champmaillot. No hospital Notre-Dame de la Charité, onde Mouchot foi isolado, a previsão era que ele não resistiria ao inverno. Contra todas as expectativas, porém, mais uma vez, Mouchot sobreviveu. Drogas à base de datura, enemas opiáceos e litros de limonada o deixaram, no entanto, com um corpo magro, de uma secura preocupante, e uma tez translúcida, como alguém visto à luz trêmula de uma vela.

Aos quinze anos ele já tinha todas as manias dos velhos. Constantemente afetado pelo cozimento dos alimentos, ele tinha dores de barriga, pesava suas refeições, digeria mal as carnes cozidas lentamente em fogões de ferro, o que o obrigava a se purgar regularmente com jejuns prolongados que deixavam suas bochechas encovadas. Aos dezesseis anos, sua miopia começou a aumentar numa velocidade preocupante, e ele precisava trocar de óculos a cada seis meses. Aos dezessete anos, apresentou um início de calvície e de cabelos brancos. Aos vinte anos, Mouchot parecia ter quarenta.

Embora a natureza estivesse contra, ele continuava vivendo, respirando, se desenvolvendo, com a discrição de um lagarto escondido nas pedras. Tinha a resistente fragilidade dos homens destinados a um fim precoce e que, no entanto, nunca morrem. Em suas veias corria um sangue morno porém tenaz. Seu legado não era o de uma linhagem de gigantes trabalhadores da terra, que constroem e morrem jovens, ou de gênios da arte, que são como cometas fugidios. Suas raízes frágeis se firmavam sobre uma dinastia de homens obstinados e inabaláveis, curvados havia séculos sobre trincos e válvulas, em que cada geração vivia cem anos, resistia a tudo, envelhecia sem estragar, era imperecível embora não fosse prodigiosa.

Seu perfil não tinha nada que lembrasse a gravidade da álgebra. Nada de sábio, nada de importante, nada que revelasse uma floresta começando a brotar. Seus olhos, pequenos e profundos, só manifestavam cansaços e aflições. Sua testa, sob uma linha de cabelos curtos, era arredondada por saliências causadas por antigas enxaquecas. Os lábios finos conferiam a seu sorriso um ar de acanhamento e embaraço. A estirpe austera da qual ele descendia se revelava em seu esqueleto frágil, em seus dentes ruins, em seus traços imprecisos e talvez ainda mais em seu passo furtivo. Ele caminhava como se dissimulasse um segredo e nunca olhava para as pessoas de frente. Ninguém teria adivinhado, por trás daquele rosto sem graça, por trás daquele perfil sem estatura, um inventor brilhante. Mouchot crescia com dificuldade, em estado de alerta, fechado em si mesmo como uma gota d'água escondida dentro de uma ágata.

No dia 13 de agosto de 1845, no entanto, o fleumático filho de serralheiro foi aprovado bacharel em letras pelo reitorado de Dijon. Como se mostrara obediente, conferiram-lhe o cargo de professor. Ao longo de treze anos, dos vinte aos trinta e três anos, ele ensinou em escolas da Borgonha, em Arnay-le-Duc, no colégio de Autun, em Dijon, no Morvan, seguindo uma carreira sem brilho em intermináveis vilarejos que desfilavam sob seus olhos com a mesma banalidade. Ele lutou consigo mesmo, dormiu em camas estranhas, precisou suportar o cheiro do papel amarelado e do giz quebrado em estabelecimentos sucessivos, e sua única paisagem foi uma caravana de centenas de alunos vestidos de cinza, de rostos macilentos, que lhe devolviam com suas vacuidades a imagem apagada de seu exílio. Enquanto Volta inventava a pilha elétrica, enquanto Watt registrava sua patente da locomotiva a vapor, enquanto Durand criava a primeira lata de conserva, enquanto Foucault fabricava seu pêndulo, enquanto Darwin provava a origem das espécies, Mouchot via crescer lentamente um bigode ralo sob seu nariz, em forma de guidom, semelhante a um galho de videira, que ele perfumava com almíscar e pimenta, convencido de que sua vida não conheceria nenhum rebuliço.

No entanto, foi exatamente naquele momento, na primavera de 1860, que seu destino teve um primeiro solavanco. Mouchot foi encarregado da suplência temporária da cátedra de matemática pura e aplicada do liceu de Alençon. Voltou a se mudar e se instalou na Normandia, no terceiro andar de uma casa em estilo enxaimel, no apartamento onde o proprietário, o coronel Buisson, acabava de morrer.

Marius Buisson adquirira aquela casa depois de uma vida de serviços à guarda imperial. Era um velho oficial do exército nascido no século dos filósofos, grande admirador das ciências, que perdera uma mão durante a conquista de Argel, um olho no cerco de Sebastopol, uma perna no final da batalha de Malakoff, e que mancava com a outra desde que um cavalo de meia tonelada caíra sobre seu joelho nos pântanos da Crimeia. No dia da vitória de Solferino, ele fora condecorado com medalhas coloniais e comprara um belo apartamento de vigas aparentes, no qual mandara construir sob medida uma biblioteca em madeira de carvalho, preenchida exclusivamente com literatura científica, onde previra passar seus últimos anos. Mas não pôde aproveitá-la, pois um mês depois, em pleno verão, durante obras nos madeirames, uma viga se soltou e, atingindo violentamente a estante de livros, esmagou-o como uma barata no meio da peça.

Ele morreu na hora, depois de ter sobrevivido a todos os combates e a todas as batalhas, caolho e manco, com a cabeça amassada embaixo dos livros e a medalha da Campanha da Itália plantada no coração.

Exéquias suntuosas foram organizadas por conta do Ministério da Guerra na basílica Notre-Dame d'Alençon, onde lhe foram prestadas honras militares com a gravação de suas vitórias na pedra tumular. Nos primeiros dias de agosto, a família Buisson, dilacerada pela dor, decidiu colocar o apartamento para alugar, mas, por superstição, nenhum familiar quis ficar com a biblioteca. Eles a deixaram no meio da peça, como o triste mastro de um antigo naufrágio, tanto que quando Mouchot se mudou, na primeira terça-feira de setembro, ele entrou num ambiente sem caldeira nem lareira, sem lâmpadas nem cortinas, mas com um móvel de dimensões insólitas, preenchido com uma centena de livros sobre as leis da física e os segredos do universo.

– Cuidado – disseram, entregando-lhe as chaves. – Nessa casa, a ciência traz má sorte.

A má sorte, para Mouchot, não veio dos livros. Na primeira noite, ele se sentiu abatido, sufocado. Três dias depois da mudança, uma congestão pulmonar o derrubou. A doença se manifestou de maneira tão brutal que ele foi incapaz de assumir suas novas funções de professor. Ao longo de noites exaustivas, ele arquejou na cama sacudido por febres delirantes. Foi tratado com sanguessugas. Laxantes de plantas. Enemas de água salgada. Foi obrigado a beber melaço de gerânio. Uma enfermeira bretã massageou seu peito com óleo de mirra. Médicos acorreram à sua cabeceira. Inspirados em almanaques da antiga medicina chinesa, eles esterilizaram recipientes de vidro e aplicaram em sua pele ventosas escarificantes.

Nu, tomado por espasmos e calafrios, Mouchot mal conseguia enxergar aqueles médicos que, debatendo e discutindo em torno da cama, queimavam pedaços de papel e colavam copos de vidro ao longo de sua coluna vertebral. Seu fôlego diminuiu ainda mais, seus brônquios se irritaram, sua garganta fechou e a inflamação de sua traqueia facilitou a invasão dos germes. Ele precisou ficar semanas na cama, prostrado e agonizando, com as costas cobertas de auréolas roxas, bebendo iodetos e sais de mercúrio. Seu estômago ficou tão cheio de metais que, quando ele quis comer para recuperar as forças, acabou com a cabeça dentro de uma bacia vomitando um líquido espesso, escuro e viscoso, que empesteou seu quarto com um forte cheiro de enxofre.

Uma manhã, Mouchot conseguiu sair da cama e conheceu seu novo apartamento. O ar estava saturado com a fragrância balsâmica das ventosas e das beberagens de gerânio que emanavam de seus poros. Quando ele entrou na sala de estar, ainda tonto de febre, com a cabeça pesada, a enorme biblioteca científica do coronel Marius Buisson, como um gigante empertigado, como uma última sentinela, ocupava o ambiente principal. As prateleiras estavam cobertas de bibelôs de terracota ornados com inscrições julianas, pequenos instrumentos astronômicos, como um astrolábio de cobre que determinava a altura das estrelas, e, atrás deles, em fila como um pelotão de fuzilamento, velhos livros com encadernações ornadas por Simier R. du Roi, às vezes dispostas na horizontal, desordenadas e cintilantes como uma constelação de papel.

Nesse primeiro dia, Mouchot não se aproximou dos livros. Na manhã seguinte, percorreu rapidamente as lombadas ao acaso, sem se demorar. Ao fim de uma semana, folheou alguns volumes e, alguns dias depois, tinha formado uma pilha em sua mesinha de cabeceira, mas apenas um livro chamou verdadeiramente sua atenção. Era uma obra de Claude Pouillet sobre o calor solar.

A leitura o mergulhou numa série de curiosidades a respeito do sol. Sozinho em sua nova casa, onde ainda pairavam o fantasma do coronel Buisson e as auriflamas ensanguentadas das guerras estrangeiras, ele aprendeu que médicos italianos desinfetavam as feridas com raios solares concentrados, com a ajuda de um esquentador de água, feito de vidro, e que o astrônomo Cassini, em 1710, oferecera ao Rei Sol um espelho que podia derreter um pedaço de ferro em uma hora.

Um livro levou a outro. Rapidamente, Mouchot fez uma viagem pela anatomia do astro. Descobriu a história de um inventor, chamado Drebbel, que construíra um órgão que só podia ser acionado por raios solares, graças a um termômetro de ar dilatado, e a de Buffon, que, nas margens do Brenne, queimara à distância tábuas de madeira com 360 espelhos móveis. Ele também se interessou pelos relógios solares de Marsini e Kircher, pela lâmpada de Franchot, por Adam Lonitzer, que conseguira fazer a infusão de uma flor de violeta na água graças ao calor do sol, e pelo espelho de cobre com que Arquimedes, mais de dois mil anos antes, incendiara os navios de Marcelo durante o cerco de Siracusa. Mas quem mais impressionou Augustin Mouchot foi Horace Bénédict de Saussure, morto vinte e seis anos antes de seu nascimento. Esse físico alpinista, acostumado à solidão e à frugalidade dos picos nevados do Mont Blanc, inventara um aparelho que chamara de *marmita solar*, com o qual cozinhava ensopados, sopas e legumes, apenas colocando sob o calor do sol a superfície vítrea de um espelho.

Mouchot imaginou aquele pesquisador incansável levando nas costas mochilas com estacas e cordas, percorrendo as montanhas mais altas da França, solitário e exausto, acomodando uma caixa enegrecida entre duas pedras, a cerca de quatro mil metros de altitude, para cozinhar um ovo. A ideia o arrebatou. Aquele mesmo livro, no mesmo lugar, na mesma hora, se tivesse caído nas mãos de um homem atarefado com suas próprias coisas, sem tempo, não teria causado nenhum efeito. Mas foi justamente porque caiu nas mãos de um homem doente de estômago caprichoso, um convalescente pregado na cama, que foi decisivo em sua vida. Mouchot, cuja imaginação até então nunca tinha ido além de umas colheradas de vinagre de cidra para estimular a digestão, teve um estremecimento ao pensar que aquela invenção poderia finalmente apagar os incêndios de suas entranhas.

Certa manhã, ele se levantou com uma intrepidez inesperada, pegou uma folha de papel e, tomado por uma inspiração primitiva, copiou o modelo da marmita solar de Horace de Saussure. Passou a noite toda aperfeiçoando o desenho, tirando medidas, repassando esquemas. No dia seguinte, desceu a Rue aux Sieurs, cheia de lavanderias, cortou caminho pela ponte dos Briquetiers, atravessou as fiações que produziam tecidos e rendas e entrou na ferragem da praça de Lancrel, onde comprou três tábuas de pinho, um recipiente de metal e uma enorme caixa de ferramentas. Quando voltou para casa, Mouchot estava decidido a construir sua primeira marmita solar.

O aparelho era quase igual ao de Saussure. Assemelhava-se a uma caixa de trinta centímetros de comprimento, uma espécie de colmeia aberta de um lado, com meia polegada de espessura, forrada de cortiça e com paredes internas cobertas de fuligem. Nela Mouchot introduziu três espelhos, a quatro centímetros um do outro. Colocou um quilo de carne bovina, alguns legumes e a água necessária, e posicionou tudo sob o foco de um refletor chapeado e curvo.

Ele constatou que a energia solar aumentava levemente quando atingia perpendicularmente os espelhos. Ele passou a tarde ajustando-os, seguindo o sol, girando-os a cada vinte minutos, diante da janela aberta, a fim de que a luz sempre tocasse o fundo, voltando a cada vez para sua cadeira, de onde observava, pacientemente, o calor produzir seu efeito. Mas a caixa aquecia lentamente demais. A única coisa que ele conseguiu cozinhar foi um ensopado asqueroso, intragável, que até um porco esfomeado teria recusado, com um cheiro terrível que lembrava o interior do estômago de um cadáver.

Quanto mais ele seguia com suas experiências, mais os resultados eram desastrosos. Quando um disco de ferro era introduzido na bacia inferior para transformar a marmita em forno solar, ele só conseguia endurecer um terrível pão rústico, que ficava com a crosta dura e áspera. Quando a tampa era substituída por um alambique "cabeça de mouro" e dois litros de vinho eram colocados num recipiente metálico, ele obtinha uma repulsiva destilação sem aroma. Às vezes, quando a caixa começava a fumegar, ele retirava a tampa, esperançoso, mas se deparava com legumes enegrecidos e cereais desmanchados. Mouchot jogava tudo fora, enchia baldes que atirava numa fossa fétida ao lado do imóvel, onde toda a rua esvaziava seus penicos, depois voltava para casa, enchia de novo a caixa e se sentava em sua cadeira à espera de que ela começasse a aquecer.

Diante dos repetidos fracassos, ele decidiu fazer outra experiência. Pensou que, abandonando os legumes e instalando uma caldeira cheia de água no lugar do recipiente, a temperatura talvez produzisse vapor suficiente para fazer um pistão funcionar. Colocou uma caldeira de cobre cheia de água sob o foco dos espelhos e virou o aparato para o sol. Nos primeiros minutos, deu olhadas rápidas e furtivas no material, mexendo levemente os refletores para que a luz os atingisse perpendicularmente. Ao aquecer, o cobre liberava calor, mas o perdia em contato com o ar, esfriando rapidamente.

Mouchot desistiu. Era absurdo se obstinar. Precisava se render ao fato de que não era um inventor, nem um cientista, mas um simples professor de matemática no liceu, incapaz de reproduzir o que um alquimista no meio das montanhas conseguira realizar sem o auxílio de lojas de ferragens. Visivelmente, aquilo não era para ele. Não estava fadado à luz: a sombra o chamava. Decidiu abandonar tudo.

O primeiro sucesso de Mouchot se deveu a um acaso, como é comum acontecer na história da ciência. Para não deixar sua máquina ao ar livre, ele pegou uma das grandes ventosas que os médicos tinham utilizado para seus pulmões e tapou a caldeira com aquela redoma de vidro. Depois, colocou o funil sobre tijolos, que são maus condutores, e voltou para sua cadeira, abatido.

No dia seguinte, iria ao mercado de animais na Place du Cours, onde tentaria vender suas caixas de pinho e seus espelhos côncavos, talvez conseguisse alguns trocados. Depois seguiria até o aterro sanitário do subúrbio norte de Alençon, às margens do Rio Sarthe, para jogar fora as lascas de madeira, os pedaços de cortiça e as marmitas queimadas que restaram, dando as costas a esse episódio de sua vida e tentando esquecer suas ambições, que agora lhe pareciam ridículas. Marcaria uma reunião com o sr. Langlais, diretor de seu liceu, que o receberia com um terno de feltro preto e um colarinho apertado, e apresentaria seu pedido de demissão.

Depois, deixaria sem remorso aquele estabelecimento e o triste apartamento do coronel Buisson, pegaria as malas e a cera para bigode e se dirigiria para o primeiro posto de diligência da Rue Grande, onde entraria num veículo rumo ao Morvan. E ao cabo de quatro dias de viagem, passando pelos bosques do Perche, por Arcisses e por Brou, dormindo às margens do Loire e comendo o queijo das cabras de Gien, chegaria exausto em Semur-en-Auxois, onde seria esperado por seu idoso e doente pai, isolado numa insondável angústia, vencido pela velhice, no ateliê de serralheria de sua infância. Alguns anos mais tarde, se casaria com uma engomadeira de Yonne, uma criatura sem passado nem futuro, com quem compraria uma casinha nos arredores de Charentois. Até que, num dia de chuva, no crepúsculo de sua vida, murcho como um repolho estragado, ele feriria o polegar com uma lima enferrujada e pegaria tétano, sofreria por alguns meses com uma paralisia dos músculos e morreria atrás do mesmo balcão onde nascera, com a cabeça caída no mesmo saco onde outrora aterrissara, cercado de cinzéis e ferrolhos.

Era esse o destino que Mouchot traçava para si mesmo quando, perdido em pensamentos, ouviu às suas costas a tampa do recipiente de sua máquina emitir um ruído impaciente. Bolhas fervilhavam em suas paredes, subiam febrilmente e estouravam na superfície.

Ele levantou a redoma de vidro. Uma enorme nuvem de vapor cobriu seu rosto. Em poucos minutos, a caldeira chegara à ebulição. O sol atravessara a superfície de vidro da ventosa, mas o vapor ficara preso dentro dela. Ela acumulara calor graças a um instrumento médico, e o impedira de se dissipar. A concentração da energia solar acabava de ser descoberta na prática.

Mouchot pulou da cadeira. Inventara do nada um aparelho que podia aquecer sem madeira ou carvão, sem óleo ou gás, movido exclusivamente pela luz de uma estrela. Desenvolvendo-o, superpondo redomas de vidro, ele talvez pudesse fazer uma marmita ferver, destilar um licor ou assar um frango. Ou melhor, se era possível produzir vapor sem fogo, poderia acionar uma máquina a vapor: todo o mercado da revolução industrial se abriria para ele.

Uma excitação, misturada com certo temor, inflou seu coração. Ele abriu as janelas e venezianas, ergueu o punho e o estendeu para o céu, como se quisesse desafiar o sol para um duelo. Pegou o paletó e o chapéu e se dirigiu, num passo triunfante, ao registro de patentes, na Junta Comercial, com uma insolência ingênua, para informar à Academia que um novo cientista acabava de surgir. Ao vê-lo assim, saindo de seu pequeno apartamento de Alençon, com o passo apressado e infantil, ninguém imaginaria que aquele homem qualquer e anônimo um dia apareceria na capa dos jornais e seria chamado de "Prometeu moderno".

Ninguém imaginaria que no Palácio do Trocadéro, vinte anos depois, durante a grande Exposição Universal, ele se apresentaria entre 53 mil inventores, dezesseis milhões de visitantes, num palácio de quarenta hectares de vidro onde seriam exibidos os diamantes da Coroa e a cabeça da Estátua da Liberdade. Ninguém imaginaria que seria ali, no coração do Champ-de-Mars, que ele revelaria ao mundo sua invenção, uma catedral de espelhos, uma máquina capaz de capturar o calor do sol da mesma forma que as barragens capturavam a água das cachoeiras.

Mas tudo isso só aconteceria em outubro de 1878. Naquele 4 de março de 1861, no inverno de Alençon, Mouchot nunca imaginaria o destino fabuloso que estava à sua espera quando, com apenas trinta e cinco anos, registrou sua primeira patente de utilização da energia solar, que ele chamou de *héliopompe*, heliobomba.

2

O escritório de patentes lhe atribuiu o número 48622. A ideia era tão elementar que ele ficou surpreso que quase cinquenta mil pessoas o tivessem precedido sem registrá-la. Muitos anos depois, o engenheiro Abel Pifre, seu sócio, diria numa conferência pública com a presença do barão de Watteville:

– Um funil e um vidro de lâmpada... nada mais simples. Realmente, senhores, mas era preciso descobri-lo. É a história do ovo de Colombo.

Aquela patente foi apenas o início. Pela primeira vez, Mouchot teve a sensação ora vertiginosa, ora tranquilizadora, de ter um objetivo na vida. Embora o projeto ainda fosse nebuloso, sabia que devia realizá-lo cegamente, sem fraquejar, com uma energia que se voltaria, sem que ele percebesse, pouco a pouco, contra si mesmo. Mouchot logo quis construir a maior máquina e fazer a maior demonstração na maior sala, fabricar bombas heliotérmicas que permitissem elevar a água dos poços, dos lagos, dos canais e dos açudes, e teve a impressão de que todas essas novidades, magníficas e prodigiosas, poderiam modificar com sua simples engenhosidade a trajetória dos planetas. Aquele homem de ar assustado, que parecia ter medo do mundo, oprimido pelos outros, sentiu crescer dentro de si a avidez dos titãs, um apetite dionisíaco. Ele vislumbrou um amanhã cheio de novos horizontes. E decidiu se apropriar daquela invenção, fazê-la sua, talhar seu próprio tamanho segundo suas dimensões. Assim, cada hora de sua vida de professor lhe roubava uma hora de sua vida de pesquisador.

O pequeno apartamento onde ele continuava fazendo experiências lhe parecia um império da ciência, e sua heliobomba, um castelo. A cozinha se tornara um laboratório, seus móveis se assemelhavam a depósitos de madeira cortada e caixas de parafusos, a sala se transformara numa fábrica de vidros e chapas de metal, a mesa, numa bancada de espelhos deitados e cilindros de cobre emborcados. Seu quarto se tornava cada vez mais estreito, enchendo-se como uma ostra e, com todos aqueles objetos multicoloridos, mais lembrava um hangar de metalurgia do que um início de ateliê. Mas como todos os pesquisadores de uma única ideia, Mouchot não desviou sua trajetória. Obstinou-se em cavar o mesmo buraco, profundamente, até encontrar um tesouro. Não era um desses inventores capazes de imaginar cem projetos por minuto, de se deixar levar por ideias inspiradoras a cada descoberta, de ver sua mente se encher desordenadamente de inovações fabulosas. Mouchot era daqueles que escolhem uma direção ao iniciar os trabalhos e nela se mantêm até o fim. Ele agora entendia por que teimara em sobreviver, em resistir a tudo, por que se agarrara à vida com tanta tenacidade e perseverança: era um homem da sombra voltado para o sol, vivendo num século luminoso voltado para o carvão.

Mas o momento em que sentiu uma nova esperança também foi o de um novo exílio. Em 14 de janeiro de 1864, após a supressão de seu cargo, Mouchot foi designado para o liceu de Tours, também como professor de matemática. Mais uma vez, precisou se mudar. Instalou-se no bairro Saint-Gatien, perto da catedral, num imóvel constituído por um prédio principal, um pátio e um hangar, onde o proprietário, Charles Viollet, comerciante da Rue Bonaparte, alugava apartamentos. Mouchot viveu dois anos num daqueles quartos mesquinhos que lembrava o dos abrigos religiosos, no terceiro andar, a dez francos por semana, com uma cama de molas enferrujadas, por onde até então só tinham passado solteirões amargurados e velhas senhoras empobrecidas, tendo como únicos bens uma mesinha em madeira de oliveira e duas cadeiras de palha furadas.

Ele compartilhava a pensão com comerciantes de linho e cânhamo, joalheiros de pouca sorte, afiadores de navalhas e acendedores de lampiões, que iam e vinham por uma sala de jantar cheia de relógios de corda. Uma manhã, enquanto tomava o café da manhã com outros pensionistas, um homem irrompeu bruscamente na sala e, abrindo as janelas, não pôde conter a emoção:

– Está chovendo – ele exclamou. – Previ isso há quarenta e oito horas.

Chamava-se Maurice de Tastes. Era um homem pequeno, de peito peludo e barba romântica, ar nervoso, que defendia a ideia de que os eclipses solares perturbavam a gestação das mulheres grávidas e que dedicara sua vida a uma arte rara à época: a previsão meteorológica.

Decidira se lançar nessa aventura dez anos antes, em 14 de novembro, durante uma batalha naval, no dia em que uma violenta tempestade naufragara o navio *Henri IV* e afogara quatrocentos homens no mar da Crimeia, entre os quais seu pai. Ele ficara tão marcado com aquele acontecimento que passara anos estudando mapas isobáricos daquele dia, tanto que fora um dos primeiros a descobrir que a tempestade já existia uma semana antes do naufrágio, que ela atravessara o sul da Europa Setentrional em marés regulares, num voo gigantesco, como um exército de condores, e que os limites da ciência tinham sido os únicos responsáveis por seu infortúnio.

A partir daquele momento, seu coração fora exclusivamente preenchido por grandes sistemas de nuvens e de formações de tempestades. Ele sempre carregava uma maleta cheia de barômetros e higrômetros, presa a seu pulso, de onde emanava um insistente cheiro de vitríolo, e também uma pequena caixa com sete rãs vivas que, segundo os textos dos magos babilônicos, coaxavam um lamento antigo na véspera das chuvas. Por isso, naquela manhã, enquanto um dilúvio batia as janelas e as rãs perturbavam o sono de todos os pensionistas, Maurice de Tastes alvoroçara a casa inteira com um ar de vitória, voltando dez anos no passado, como se tivesse conseguido deter a tempestade de 14 de novembro com a simples força de seus cálculos.

– Imaginem todos os pais que poderíamos salvar – ele explicara.

O mês de dezembro tinha sido glacial. Os médicos legistas encontravam pessoas mortas de frio em suas camas, sob catorze cobertores, segurando nas mãos um crucifixo de madeira gelada. Foi exatamente nessa época que Maurice de Tastes, no alto da torre Charlemagne, durante uma tarde brumosa, fizera suas primeiras tentativas de soltar pipas com medidores.

– Compreender o céu é um trabalho ingrato – ele dissera a Mouchot –, mas alguém precisa fazê-lo.

Mouchot o acompanhava. Sob aquela espessa camada de nuvens, ele suspirava, com o coração distante, e falava do sonho de abandonar o liceu para se dedicar plenamente a seu estudo.

– Quero cavar uma mina no sol – ele exclamava.

A frase perturbou Maurice de Tastes, pois a mesma ideia o perseguira por anos. Ele também, na época em que ainda era um jovem pesquisador, quisera abandonar o ensino e travar a batalha da ciência. "Eu tive certeza de que me chamavam a uma missão", afirmara. Fora chamado de fazedor de chuva, profeta do tempo, e suas aspirações tinham sido toldadas pelo advento de outras descobertas científicas. Segundo ele, o público só admirava a ciência pelo estrondo de seus resultados.

– Julgam a chuva por sua intensidade.

Ele desamarrou o barbante e soltou um pequeno balão dotado de uma sonda que, acima da camada de nuvens, desapareceu ao vento.

– Se quiser vencer o sol – ele concluíra –, primeiro deve convencer os homens.

A conversa deixou Mouchot pensativo. Maurice de Tastes tinha razão: ele primeiro precisava mostrar seu trabalho ao mundo. Mas o tempo que seu braço direito, seu braço de pesquisador, ganhava num trabalho silencioso, à sombra, prestes a se libertar a qualquer momento, seu braço esquerdo, seu braço de professor de liceu, perdia em horas de aulas, acorrentado a um salário, mantendo-o prisioneiro. Além disso, o empréstimo que ele contraíra junto a um banqueiro para financiar o registro de sua patente, a compra de todos os materiais para suas construções e a licença exclusiva de exploração de sua heliobomba lhe custavam caro. Derrubado pela doença, o velho Saturnin Mouchot, esquecido e sozinho no fundo de sua oficina de serralheria, não podia ajudá-lo, e seus irmãos estavam espalhados pela França.

Mouchot entendeu que só podia contar consigo mesmo. Alguma coisa cresceu dentro dele, uma força subterrânea que o fez renascer de repente, o arrancou da monotonia de seu cotidiano e o fez tomar uma firme decisão que ninguém contestou. Numa manhã de junho, ele finalmente se levantou de sua cadeira de madeira, deixou as quatro paredes de sua sala, convencido de que também recebera o chamado de uma missão. Atravessou o pátio da escola até o prédio principal, subiu quatro andares e bateu à porta do diretor, o sr. Borgnet, sem hora marcada. Ali, para grande surpresa do diretor, ele colocou em cima da mesa o registro de sua patente, espalhou folhas com gráficos, projetos detalhados, e declarou em voz firme, com certa pressa no tom, que inventara uma máquina capaz de produzir vapor exclusivamente a partir da força do sol. Calou-se e repetiu a palavra "vapor", levantando o dedo para o céu, como se acabasse de nomear a última relíquia do saque de Constantinopla.

– O sol é o futuro – ele disse. – Eu gostaria de lhe fazer uma demonstração no pátio do liceu.

O diretor Borgnet ficou sem palavras. Era um homem alto, de porte digno, com boca larga e nariz vitoriano, que não gostava de ser arrastado a inovações xamânicas e que passara a vida fugindo dos visionários cósmicos e dos milagres da ciência. Só acreditava na eficácia paciente da educação, nos métodos dos educadores, louvava os méritos do ensino austero, e o sol que ele conhecia brilhava apenas nos livros. Durante toda a fala de Mouchot, examinara aquele homem pequeno, de gestos desajeitados, de olhar obstinado, com uma expressão facial vaporosa e deformada que o fazia parecer um afogado. Ouvira-o de olhos arregalados, estatelado em sua grande cadeira, sem entender nada daquela torrente de palavras e, até seu último dia no liceu de Tours, vinte anos depois, nunca conseguiu dizer ao certo se aquele professor de matemática era um gênio da sombra ou um louco iluminado.

A princípio, a ideia lhe pareceu insana, inverossímil. No entanto, ele pressentiu que aquele tipo de coisa poderia contribuir para o renome de seu estabelecimento e decidiu conceder a Mouchot sua autorização. No dia seguinte, o diretor Borgnet explicou o caso à diretoria. A direção geral concedeu sua anuência e marcou uma data para a demonstração. Mouchot recebeu a notícia na saída de uma aula de geometria, ainda atordoado com o zunzum dos alunos, quando o diretor se plantou à sua frente e lhe disse, balançando a cabeça sem convicção:

— Será em quinze dias.

Mouchot soube naquele instante que uma mudança fundamental acabava de acontecer em sua vida. A partir daquele momento, não saiu mais de casa sem carregar um confuso amontoado de instrumentos estranhos e barulhentos, que arrastava consigo num carrinho, registrando a pressão e a qualidade do ar com a precisão de um buscador de ouro nas margens de um rio. Assim que o frescor da manhã se dissipava, ele atravessava a praça Châteauneuf, cheio de ferramentas, com a atitude de um homem que exibia a mais fabulosa descoberta das pirâmides de Gizé, e subia ao ponto mais elevado de Tours, no topo da torre Charlemagne, como Maurice de Tastes, subindo os 248 degraus com sacos pesados, para medir a intensidade calórica do vapor. Quando o dia estava ensolarado, fazia medidas simultâneas em altitudes diferentes. Estudava as pressões desenvolvidas numa massa de ar confinado. Registrava em pequenos cadernos, dia após dia, o resumo de suas observações, criando inclusive um misterioso aparelho que chamou de "actinômetro", uma espécie de longa antena de cobre que indicava a perda de calor, mas da qual ele se livrou porque ocupava espaço demais em seu pequeno quarto.

No meio do verão, mudou-se para uma casa na Rue Bernard-Palissy, a poucos metros da estação, atrás do jardim do Museu de Belas Artes, onde estava plantado o maior cedro da França. Era uma casa à moda de Tours, com um pátio interno com mais espaço para seus trabalhos. Em mangas de camisa, com as mãos cobertas de feridas, ele fazia idas e vindas tórridas e furiosas, carregando nas costas grandes caldeiras pintadas de preto. Dedicou-se a uma série de experimentações com vários espelhos diferentes, em meio a uma desordem de chapas, placas de ouro e aço que mandara construir sob medida por um vidraceiro tcheco. Tomado por forças desconhecidas, repetia as mesmas operações, murmurando por trás de seu bigode um rosário de cálculos incompreensíveis, lutando ferozmente para construir do zero uma máquina mais pesada que uma estátua grega, uma máquina que a França admiraria alguns anos depois, durante a Exposição Universal.

Por fim, no meio da tarde de uma quarta-feira de calor intenso, ele atarraxou o último espelho, apertou o último parafuso, vedou o último tubo e contemplou seu aparelho com olhos úmidos, como se este não tivesse nascido em seu ateliê, mas acabado de descer dos céus. Os moradores da Rue Bernard-Palissy se lembrariam com que comovente orgulho aquele humilde professor de matemática, em geral tão acanhado, fora para a rua, vibrando de alegria, com o corpo marcado por noites em claro, as mãos feridas pelo trabalho, e gritara no meio da calçada:

– A máquina está pronta.

No dia seguinte, ele enviou convites a todos os professores da faculdade de física e química. Escreveu setenta e cinco cartas exaltadas aos membros da Sociedade de Agricultura, aos diretores dos laboratórios de pesquisa de Touraine, à Academia de Ciências, Artes e Belas Artes do departamento de Indre-et-Loire. Não houve nenhuma pessoa, relacionada de perto ou de longe ao mundo científico, que não recebesse um convite. Depois de alguns dias, a maioria dos convidados confirmou presença. Numa época em que surgiam os primeiros testes de motores a combustão, em que se descobria o eletromagnetismo, em que começavam a ser perfurados os primeiros poços de petróleo na Alemanha, ninguém quis deixar de assistir àquela nova promessa do progresso, a ponto de até Louis Mouchot, seu irmão mais novo, num impulso familiar, decidiu percorrer os trezentos quilômetros de Semur-en-Auxois até Tours, numa velha carruagem inglesa conduzida por um hussardo.

Numa manhã de julho, portanto, Mouchot se viu no meio do pátio do liceu, na quadra de jogos que havia sido transformada em anfiteatro de exposição, diante de cerca de cinquenta personalidades influentes. O dia estava ensolarado. Entre as árvores, as cadeiras tinham sido posicionadas em círculo em torno de sua máquina. Mouchot, num terno de tweed, com as mãos trêmulas, o ar nervoso, limpava freneticamente a poeira depositada sobre a redoma de vidro. Vestira sua roupa mais elegante, lavada na véspera, alisara os bigodes a fim de que ficassem paralelos à gravata borboleta, traçara a risca dos cabelos do lado direito. Já era um homem de quarenta anos, com o rosto ósseo, a fronte que refletia um brilho úmido e um olhar ansioso, de olhos claros, esvaziados pelo trabalho, que refletiam a tormenta das enxaquecas e o cansaço das decepções.

Ele instalou diante do público um refletor em formato de funil, semelhante a um gramofone antigo, com espelhos que se abriam, em torno da caldeira pintada de preto, como pétalas de árum. Expôs temerosamente a simplicidade de seu mecanismo, num balbucio estranho e numa voz inaudível, de modo que as últimas filas pensaram se tratar de uma máquina inovadora destinada a abafar os barulhos do mundo. Ele garantiu que conseguira, na cidade de Alençon, cozinhar legumes e carne numa marmita solar inspirada em Horace de Saussure, e que obtivera resultados muito encorajadores para os grandes viajantes ou para os soldados em campanha. Então, depois de uma conclusão desastrada, fechou-se num silêncio constrangido, cruzou os braços à frente do peito, se postou atrás da caldeira e ergueu os olhos para as nuvens.

O sol subia, sem enfraquecer. Era preciso esperar que a água começasse a borbulhar; então alguns professores eméritos se levantaram para examinar a máquina de perto. No estado embrionário em que se encontrava, com espelhos ainda instáveis, ela parecia uma estufa de plantas feita em casa, onde no máximo se poderia obter a maturação de um cacho de uvas. Alguém exclamou:

– Parece uma lâmpada.

Mouchot não respondia. Mantinha-se imóvel, inquieto, e se contentava em enrolar com os dedos finos a ponta de seu bigode em guidom. Enquanto alguns pesquisadores eminentes tocavam a redoma de vidro com pequenos gestos de especialistas, estudavam as medidas do aparelho, examinavam a fuligem em volta do recipiente, o sol teve uma leve recaída.

Foi como um pudor momentâneo. O céu foi envolto por um manto de nuvens. Mouchot não pareceu se preocupar, mas o nevoeiro se tornou mais denso, bem baixo, prateado, e escondeu o sol até velá-lo, tornando seus contornos mais imprecisos. Depois de meia hora, a névoa continuava ali, persistente, filtrando os raios solares, e os espelhos da máquina refletiam uma luz morna e fraca.

Uma hora depois, a água da caldeira ainda não borbulhava. Ouviram-se risadas nas últimas fileiras, logo abafadas pelos aplausos do diretor, que, tomado de compaixão, encorajava Mouchot. Quatro horas badaladas soaram no campanário da catedral Saint-Gatien, e uma parte dos convidados já se retirara. Restavam apenas, no pátio do liceu, alguns professores solidários, seu irmão Louis e um pequeno grupo de pesquisadores que, com grandes olhos bovinos, fixavam o céu coberto de nuvens e a caldeira quase fria.

Ninguém soube se os membros da Academia de Ciências esperaram até o fim, nem quantas horas ainda foram necessárias para o primeiro sinal de vitória; soube-se apenas que depois de sessenta minutos de espera as cadeiras começaram a se esvaziar, e que, antes de cair a noite, todo mundo desaparecera. Sem luz nem música, sem flores nem aclamações, derrotado, Mouchot nem sequer levantou os olhos para o último homem a deixar o pátio e, com aquela tarde cinzenta, concluiu uma das demonstrações científicas mais brilhantes de seu século.

Naquela mesma noite, Mouchot decidiu enviar tudo para o aterro sanitário de Montfaucon. Muitos anos depois, os destroços seriam recuperados por um certo Lévêque, então diretor da escola de meninos, que os conservaria por mais de um século e meio no segundo andar da Torre de l'Orle d'Or, em Semur-en-Auxois, a quatro ruas da casa dos Mouchot, e se tornariam um dos orgulhos da cidade. Naquele momento, porém, Mouchot não queria mais ouvir falar daquela máquina. Voltou para casa, se fechou na Rue Bernard-Palissy e teria ficado ali até morrer se, por um acaso da história, uma notícia surpreendente não tivesse interrompido sua solidão.

A notícia veio na forma de um artigo de jornal. Não se sabia nada das pessoas que tinham assistido à demonstração no liceu, até que, no início do mês de agosto, um jornalista, redator-chefe de um jornal político e literário, um dos que estava sentado na última fila, conhecido como sr. About, escreveu um artigo sobre Mouchot. Ele foi lido com grande interesse por um certo Raphaël Bischoffsheim, protetor dos cientistas, grande entusiasta da astronomia, que repassou a história a outro homem, o comandante Verchère de Reffye, general de artilharia, famoso por ter inventado a primeira metralhadora francesa e que, dizia-se então, era muito influente junto ao imperador.

Jean-Baptiste Auguste Philippe Dieudonné Verchère de Reffye era natural de Estrasburgo e seguia a carreira militar desde os dezoito anos. Embora tivesse trilhado uma bela trajetória nas escolas de artilharia, permanecia próximo das artes. General de brigada, dedicara-se a uma série de litografias de paisagens de batalhas e cenas de cerco, depois se voltara com fervor para a arqueologia militar. Essa paixão o levara a fazer escavações minuciosas para encontrar os vestígios de Alésia, da qual conseguiu, graças a seu talento de desenhista, não apenas reconstituir as catapultas, os onagros e as balistas, mas também situar com exatidão as fortificações escavadas durante os combates. Seus resultados, expostos no então Museu de Antiguidades Nacionais de Saint-Germain-en-Laye, impressionaram tanto Napoleão III que este o nomeou oficial de ordenança e, um dia, o encarregou da direção de um misterioso ateliê, localizado a trinta quilômetros de Paris, nos arredores de Meudon.

O ateliê imperial de Meudon era um lugar secreto, dedicado à pesquisa de inovações militares. Verchère de

Reffye se entregou com afinco à nova tarefa. Demonstrou o mesmo zelo que manifestara durante as escavações de Alésia, lançando-se com ardor, com um impulso premente, na volúvel arte da guerra. Napoleão III, em plena campanha colonial, lhe pedira que se voltasse para o problema da alimentação das tropas. Na época, para cozinhar, os soldados eram obrigados a acender uma fogueira, cuja fumaça revelava sua posição e levava a constantes emboscadas e armadilhas. Era preciso encontrar uma maneira de dar ao soldado a maior quantidade de farinha possível, junto com a técnica para cozinhá-la. Naquele momento, a questão ocupava o comandante Verchère de Reffye. Por isso, quando chegou até ele a notícia de que em Tours um homem era capaz de cozinhar alimentos com a simples força do sol, ele ficou maravilhado, feliz com essa notícia, e ordenou que o chamassem imediatamente a Paris.

Quando Mouchot chegou, entrando num rico aposento forrado com brocatel azul e mobiliado ao estilo Luís XIV, ele mal teve tempo de colocar seus projetos em cima da mesa, pois o comandante, em pé à sua frente num traje vermelho bordado a ouro, o interrogou com minúcia.

– Não podemos nos permitir o luxo do risco – ele disse.

Verchère de Reffye era um homem bonito, por volta dos quarenta e cinco anos, tinha a fronte alta, o olhar sedutor, o nariz desenhado, a boca escondida por trás de uma barba Van Dyke de sete centímetros; estava fadado a um extraordinário destino militar se, quinze anos mais tarde, não tivesse morrido ao cair de um cavalo num jardim de Versalhes. No dia em que conheceu Mouchot, estava na força da idade. Acompanhado de um ilustre químico, de um matemático e de um construtor, ele o submeteu a um questionário muito bem preparado, inquiriu sobre o tamanho e o peso dos aparelhos, sobre a facilidade de desmontar a máquina sob condições hostis.

Diante das respostas precisas de Mouchot, Verchère de Reffye soube que tinha feito a escolha certa. Aquele refletor solar, construído às pressas na sala de um apartamento, era uma arma impressionante. Já não precisariam de fogo para cozinhar as refeições: os soldados franceses se alimentariam por meio de marmitas solares. Onde Mouchot via uma aplicação industrial, Verchère de Reffye via uma revolução militar.

– Esperamos pelo senhor há séculos – exclamou, sorrindo.

Verchère de Reffye se orgulhou daquela descoberta. Acabava de desenterrar um cientista receoso e desconhecido, um homem-sol, que poderia não apenas contribuir para reduzir as perdas, como talvez também, através daquele achado surpreendente, elevar a ele, Verchère de Reffye, ao posto de marechal do Segundo Império. Ao cabo de duas horas, o comandante lhe pediu a lista de materiais, bem como um memorando sobre seus trabalhos, a fim de apresentá-los ao imperador, com quem se encontraria dentro de algumas semanas, em Compiègne, e o despachou para casa.

– Contamos com o senhor – ele concluiu. Pense na França.

Dentro da carruagem a caminho de Tours, Mouchot se maravilhou com aquele retorno da boa sorte. Mas enquanto outro teria gritado vitória, teria se vangloriado daquela intervenção do destino, Mouchot perseverou no trabalho, baixou a cabeça e não ergueu o nariz de seus papéis. Não viu passar os dois dias nem as cinquenta léguas que o separavam da capital e, apesar dos sobressaltos das rodas nas estradas pedregosas e os puxões dos cavalos chicoteados, apesar dos eixos enferrujados e da falta de tinta, seguiu escrevendo com obstinação. Só saiu da carruagem ao chegar aos arredores de Chartres, onde o comboio fez uma primeira parada; não comeu nada quando lhe ofereceram uma sopa de galinha de Sarthe nas proximidades do vilarejo de Cloyes, não dormiu durante a noite que o levou de Vendôme ao Loire, e quando chegou a Tours, ainda impregnado das promessas que lhe tinham sido feitas, dirigiu-se imediatamente à ferragem de Thierry Fabre, a quem encomendou uma dezena de refletores metálicos chapeados em prata, uma grande estrutura envidraçada e uma caldeira de cobre que pudesse conter até dez litros de água.

Ao longo de todo o mês de agosto, ele não fez mais que estudar, escrever, trabalhar. Em poucos dias, enviou a Paris trinta páginas de memorando, esboços esclarecedores, resultados de experiências e uma nota explicando que seu novo aparelho estava pronto.

Mas os dias se passaram sem uma carta de resposta. Mouchot se preocupou. Passou a semana sentindo-se doente, desencorajado, sem saber o que devia fazer, cansado de tudo. Numa terça-feira, por volta das oito horas da noite, enquanto estava em seu gabinete, um mensageiro chegou. Vinha de um périplo de três dias pelos bosques de Gâtinais, atravessara vales, se perdera em desfiladeiros, cruzara rios, e finalmente estendeu a

Mouchot um envelope branco, amassado, que sobrevivera a todas aquelas adversidades. Não era uma carta da escola de artilharia, nem de Verchère de Reffye, mas uma mensagem com o sinete dourado de Compiègne. Ao abri-la, Mouchot ficou surpreso com a qualidade do papel e quase desmaiou quando, depois de percorrer as primeiras linhas, descobriu que o convidavam a fazer uma demonstração para Napoleão III, no dia 2 de setembro de 1866, em Saint-Cloud, nos jardins imperiais.

Um Bonaparte, em seu palácio, falava sobre ele. Um presidente, um chefe de governo, um imperador, um homem que, desde o nascimento, tinha seu nome na história, voltava sua curiosidade para o humilde trabalho de um filho de serralheiro, um professor de matemática, um homem do povo. Com espantada inocência, ele de repente percebeu aquela ironia do destino, que o fizera passar de uma demonstração desastrosa no pátio de uma escola a um encontro com o imperador. No entanto, mais uma vez, manteve o sangue-frio. Nenhum músculo de seu rosto tremeu e, adotando a atitude de um homem acostumado com grandes feitos, antes que o mensageiro seguisse viagem ele se apressou a responder com uma carta breve, em que confirmava sua presença.

Naquela noite, deitou-se cedo. Sonhou a noite toda que estava sentado sobre um balão de ar quente com as setes rãs de Maurice de Tastes, de uniforme militar, e que segurava na palma da mão sua máquina solar, reduzida a um tamanho minúsculo, como uma margarida de metal. Rodopiando nos ares, ele puxava uma a uma as pétalas de aço que, atravessando a atmosfera, pousavam no castelo de Compiègne. Em seu sonho, o balão continuava subindo sem perder a força, na direção de um sol escondido atrás de ventosas escarificadas, e Mouchot, ao mesmo tempo fascinado e temeroso, compreendia que estava voando para a morte. Um segundo antes de acordar, porém, ele avistou uma silhueta que se desenhava na abóbada do céu, uma última imagem assustadora, o perfil grosseiro e severo de uma mulher de quarenta anos que ocultava o sol com suas grandes mãos, a boca cheia de ovos pretos, e cujo rosto ele não reconheceu.

Ao acordar, perplexo com aquela estranha visão, ficou atordoado. Começou lentamente seus preparativos, enquanto a lembrança daquela mulher voltava à sua mente de maneira fragmentada; mas depois ele a esqueceu de uma vez por todas, até o dia em que, trinta e cinco anos depois, cruzaria com ela num casebre da Rue de Dantzig.

Passou o dia seguinte fazendo os últimos retoques em seu aparelho, pensando em Saint-Cloud. Já se imaginava membro de uma comissão científica do Império, sendo chamado a fazer demonstrações para a inauguração de um monumento e, ao fim da vida, sendo nomeado senador. Todas essas miragens lhe provocaram uma emoção tão grande, ocuparam tanto sua mente, que se esqueceu de perguntar a Maurice de Tastes sobre as próximas tempestades. No último dia de agosto, ele acordou, fez a toalete e perfumou o bigode com almíscar apimentado, escovou os dentes com um pó aromatizado com menta e cobriu os ombros com uma capa de veludo vermelho, passou talco no rosto e subiu numa carruagem, que encheu de espelhos, estruturas de vidro e vasos cilíndricos, para ir a Paris, ao encontro da imortalidade.

3

Mouchot chegou ao jardim de Saint-Cloud ao amanhecer, depois de quarenta e oito horas de viagem. Para esse encontro decisivo com o imperador, ele tinha preparado uma máquina mais sofisticada do que a apresentada no pátio do liceu. Era composta por um amplo refletor formado por uma estrutura de madeira recoberta por lâminas chapeadas de prata e por uma caldeira constituída por dois envoltórios concêntricos: o maior, de quarenta centímetros, estava enegrecido por fora, e o menor, vazio, preso por meio de um tubo para fazer o vapor circular. Mouchot passou a manhã montando-a sob as árvores, entre as galerias que se recortavam em alamedas grandes como bulevares, ornadas de flores recém-desabrochadas, semelhantes a terraços suspensos em que se adivinham clareiras secretas entre as sombras. Arbustos barrocos, cercados por carvalhos majestosos, dividiam o campo em arquiteturas vegetais e, perto do castelo, viam-se, aqui e ali, muralhas com buracos de tiros de canhão, vestígios heroicos de um domínio conquistado a duras penas.

Era meio-dia. Mouchot limpava seus espelhos quando, de repente, Napoleão III chegou de caleche. O veículo, puxado por seis cavalos, estofado de seda, parou na esplanada, e o imperador, precedido por um criado, se segurou na porta e desceu lentamente. Dizia-se que recém voltara do eremitério de Villeneuve-l'Étang, onde fizera um pequeno retiro solitário com seus papéis. Ele caminhou até um grupo de homens de túnicas azuis, que se retesaram rapidamente, e Mouchot o avistou.

Seus ombros estavam cobertos por uma casaca com matelassê no peito, de abas bordadas com folhas de espinheiro-alvar. Vestia uma calça avermelhada cuja prega escondia a bota e levava um chapéu de dois bicos na mão. Mas em vez de um imperador majestoso, com o bigode mais famoso da Europa, Mouchot viu um velho bochechudo, cansado do poder, cheio de aflições, com uma bengala na mão, acompanhado pelo cachorro cor de chumbo oferecido por um de seus camareiros. Com as pernas moles, como que abatido, a fronte baixa, ele contemplava com seus olhos claros quarenta anos de glórias e desastres. Ele não parecia ter nada de um Bonaparte, e sim de um velho sem fôlego, de saúde frágil, que sobrevivera dolorosamente a crises de reumatismo e a cólicas renais, e que não voltava do eremitério de Villeuneuve-l'Étang, mas de um tratamento em Vichy, onde as águas mineralizadas e alcalinas tinham criado um cálculo em sua bexiga do tamanho de uma nectarina.

Embora estivesse doente, tinha uma palavra para compartilhar com cada um, uma lembrança, uma pergunta pertinente, e quanto chegou à frente de Mouchot, seu aperto de mão foi o de um homem decidido.

O comandante Verchère de Reffye o apresentou como "cientista", e Mouchot se deu conta que era a primeira vez que alguém se dirigia a ele daquela maneira. O imperador mergulhou os olhos nos seus e Mouchot acreditou perceber naquele olhar a admiração respeitosa que os doentes compartilham entre si.

Sem perda de tempo, a demonstração teve início. As cadeiras tinham sido dispostas em ferradura em torno do aparelho acima do qual dois carvalhos majestosos, um de cada lado, abriam seus galhos para deixar entrar um rio de luz.

O sol ainda brilhava, mas, no início da tarde, velou-se de leve. Foi apenas uma espécie de bruma, um fino nevoeiro que parecia um vapor d'água. Mas em poucos minutos a abóbada das nuvens pareceu se espessar, escurecer e, de repente, por uma abertura do céu que ninguém pôde identificar, uma fina chuva começou a cair sobre as cadeiras.

O imperador, que foi imediatamente protegido por uma capa, se levantou e, sem conceder um único olhar a Mouchot, sem cumprimentar ninguém, se refugiou no palácio. Os outros espectadores, que permaneceram no local, se remexeram em suas cadeiras, indecisos, com os olhos voltados para cima, constrangidos, incomodados.

A chuva parecia passageira. Em pouco tempo, porém, ela aumentou, se fechou, as nuvens se amontoaram umas contra as outras, e o fundo azul do céu desapareceu totalmente. Restou apenas uma imensa abóbada cinzenta acima do jardim de Saint-Cloud. O aguaceiro se espalhou como um papel sendo rasgado e, de repente, pesadas gotas molharam o chão, uma chuva grossa começou a cair, a ponto de os que ainda não tinham se levantado precisarem se abrigar correndo sob as arcadas de um pórtico.

O movimento precipitado dos presentes deixou Mouchot sozinho no meio do jardim. A princípio imóvel, não querendo acreditar naquela catástrofe, ele precisou sair correndo quando uma rajada de vento bateu em seu aparelho. A chuva não parava. Uma ventania gelada fazia sua máquina oscilar como uma rosa no meio da correnteza. Alarmado, querendo evitar a todo custo a oxidação das engrenagens, Mouchot começou a fazer idas e vindas frenéticas até os primeiros arbustos de um pequeno bosque, levando seus espelhos, transportando peças pesadas, escorregando na grama, e o rumor das folhas, o crepitar das fontes e a subida dos riachos abafaram suas injúrias.

Dois dias depois, ele estava de volta a Tours. Seria difícil imaginar um saldo mais desastroso, mais lúgubre, sem contar as peças a substituir e os custos de fabricação a reembolsar.

Voltou para casa acabrunhado, como um perdedor irritado com a derrota, que guarda no coração a lembrança de uma amargura e o apetite de uma revanche. Sofrera um violento revés, um revés ainda mais irreparável e absurdo porque não levaria a uma segunda chance. Nada poderia corrigir o que acabara de acontecer. Quando abriu sua janela, viu que o pátio dos fundos, na Rue Bernard-Palissy, encharcado pelas últimas chuvas, se tornara uma verdadeira mixórdia, com paralelepípedos levantados, fragmentos de máquinas deterioradas, cacos de vidro, tudo parecia um campo de batalha, e aquela paisagem sem futuro lhe pareceu semelhante à de seu coração. Aquele era um trabalho sem êxito, sem amanhã, um trabalho agora detestado e maldito. Mouchot decidiu abandonar sua busca pelo sol, desistir de suas pesquisas e se voltar para o ensino, de uma vez por todas.

Numa sexta-feira em que pensava sobre isso, deitado em seu quarto de Tours, com a cabeça pesada de tristeza, desencantado consigo mesmo, chegou à sua casa uma carta, por intermédio do general Verchère de Reffye. Primeiro, Mouchot pensou no pior. Ao abri-la, porém, descobriu, pela qualidade do papel, pela caligrafia, pela benevolência das fórmulas, um novo convite imperial.

Sugeriam-lhe fazer uma segunda demonstração em Biarritz, no dia 25 de setembro, no terraço da Villa Eugénie, a fim de "reparar as contingências da primeira".

Mouchot precisou se sentar na primeira cadeira que encontrou para conter sua emoção. Apesar da chuva, o imperador se convencera. Como homem de negócios, ele pressentira, naquela experiência abortada, as promessas de um futuro radiante. Na mesma carta, o comandante o convidava a se apresentar, assim que pudesse, ao ateliê de Meudon. Ele o sabia em Tours, não ignorava que suas condições de trabalho eram difíceis. Falava-lhe do quanto ficaria honrado em recebê-lo nos ateliês da nação, em abrir-lhe as portas dos almoxarifados cheios de ferramentas e em lhe oferecer a grande planície para suas experiências.

– Jesus do céu – murmurou Mouchot.

Fora abençoado. Embora a demonstração em Saint-Cloud tivesse sido um desastre, foi invadido por uma alegria imensa. Não por uma alegria epifânica como a que sentira em seu apartamento de Alençon, onde produzira vapor d'água pela primeira vez, nem pela que sentira quando conhecera o comandante Verchère de Reffye na escola militar, mas por uma alegria mais silenciosa e mais comedida, como a da confirmação de uma vocação. Agora que lhe davam um ateliê, meios à sua disposição, agora que o homem mais poderoso de seu país lhe oferecia sua confiança, ele sabia que poderia ir além, que poderia superar a si mesmo.

Mouchot quis viajar na mesma hora para Meudon para começar a trabalhar. Mas seu contrato com o reitorado de Tours o impedia. Naquela noite, dada a proximidade da data de Biarritz, ele escreveu de próprio punho uma carta em estilo barroco e caligrafia extravagante, onde expunha suas obrigações de professor de liceu, e entregou-a pessoalmente a um mensageiro para ter certeza de que ela chegaria a Meudon. Não foi preciso esperar muito. Alguns dais depois, para sua grande surpresa, o comandante Verchère de Reffye enviou ao ministro da Instrução Pública uma requisição que resolveu tudo com uma frase: "O sr. Mouchot está trabalhando comigo numa questão que mereceu a atenção do imperador, sobre o uso do calor solar para a ebulição das águas".

No dia seguinte, o reitorado lhe concedeu dois meses de dispensa. Foi com renovada tranquilidade que ele deixou a sala de aula depois do último horário, comprou o que lhe faltava numa oficina de fundição e, voltando para casa, saltitando de excitação, guardou todas aquelas peças metálicas num grande baú de madeira com tampo arredondado e o enviou por via férrea.

A demonstração em Biarritz seria em três semanas. Mouchot não hesitou. Empacotou todo o material de que dispunha, pegou suas coisas, encheu suas malas, colocou no bolso um punhal andaluz, por precaução, fechou à chave as gavetas de sua escrivaninha, pulou numa diligência e rumou para Meudon, com orgulho e dignidade, pela velha estrada de Clamart, para construir sua obra-prima.

Meio século depois, no fim da vida, moribundo, aos 87 anos e com 87 doenças, Mouchot se lembraria de sua chegada àquele ateliê. Ele ficava num nível inferior ao do castelo de Meudon, longe dos jatos de água e dos lagos de piscicultura, no fundo de corredores que pareciam galerias de forjas clandestinas, onde antigamente houvera uma cavalariça de dimensões faraônicas para a reprodução dos garanhões e das éguas do Império, tanto que ainda se podia sentir entre as paredes de pedra o cheiro amargo dos amores cavalares.

Essas estrebarias reais tinham sido substituídas por um local de testes de explosivos, granadas e tiros. Depois, com a guerra se misturando à ciência, tinham chegado inventores que desenvolveram velocípedes e pilhas termoelétricas, balas de canhão ocas e moedores de feno. Dizia-se até que Choderlos de Laclos, antes de escrever *As ligações perigosas*, ali dirigira uma equipe de construção de aeróstatos, mas que, sem conseguir voluntários, tivera que enviar no cesto do balão uma cabra e um galo. Em toda a propriedade, não havia nem fogareiro, nem encanamentos, nem lavatórios; comia-se comida fria, dormia-se sem aquecimento, lavava-se a louça acocorado num lago. Com o passar dos anos, as armas e os emblemas das fachadas tinham sido danificados, os inúmeros incêndios do prédio tinham deixado as vigas chamuscadas e, pela cor das paredes, pelos velhos telhados e pela pintura descascada, adivinhavam-se suas idades sucessivas como um palimpsesto de pedra.

– Meudon tem cheiro de palha – dizia-se.

Mas nada disso incomodou Mouchot. Ele, que crescera entre serralheiros e ferreiros, em redutos lúgubres, passara a infância na sombra, iluminado apenas pela luz de uma vela, logo se sentiu em casa naquele espaço cheio de martinetes e prensas para forjar, olarias para a fabricação dos cadinhos e vidrarias para moldar a massa. Chegava antes de todo mundo, de madrugada, excitado e agitado, totalmente devotado à sua obra, e era o último a ir embora, exausto e satisfeito, com o espírito leve. Um canto do ateliê estava sempre liberado para ele, uma caixa de ferramentas estava sempre pronta para seu uso. Naquele reino feito de cabos e cilindros, ele podia mostrar seu verdadeiro rosto. Ali, nenhum aluno conversava no fundo da sala, nenhum inspetor o incomodava, nenhum diretor esperava relatórios, nenhuma carta exigia resposta, ninguém vinha bater àquela porta. Pela primeira vez desde sua partida de Semur-en-Auxois, Mouchot tinha a demiúrgica sensação de construir um castelo dentro de um castelo.

Certa noite em que Mouchot ficou até tarde no ateliê soldando sua caldeira, Verchère de Reffye entrou sem avisar. Perguntou sobre o andamento dos trabalhos, mencionou Biarritz, se informou sobre a solidez do cilindro de vidro, sobre o transporte da placa de fundação. Mouchot falou com uma segurança e uma confiança que surpreenderam o comandante, que o sabia tímido.

Verchère de Reffye, tranquilizado, se lançou no relato de seus trabalhos pessoais e começou a divagar sobre a reconstrução das casamatas romanas que queria apresentar durante a demonstração. Estendeu-se sobre suas descobertas inesperadas durante as escavações na Côte-d'Dor, elogiou os poderes da imaginação no embelezamento das armas antigas e se disse pronto, se Deus lhe desse saúde suficiente, para tirar das entranhas da terra todas as batalhas da Gália, desde os primeiros povos até o reinado de Carlos Magno. Parecia tão imbuído de toda aquela arqueologia antiga, tão fascinado com aquela mitologia belicosa, que só via o mundo através daquele prisma, tanto que em dado momento se deteve no meio de uma frase, subitamente iluminado por uma ideia, e se virou para a máquina de Mouchot.

– O senhor já deu um nome a seu aparelho? – perguntou.

Mas antes que Mouchot respondesse, de Reffye continuou:

– Dizem que o imperador Otávio era tão bonito que todos baixavam os olhos em sua presença, até o sol. Que tal Octave?

A máquina foi então chamada de Octave. Ao longo da semana, Mouchot supervisionou os trabalhos, acompanhou cada etapa, controlou os mínimos de talhes. Assim que entrava no ateliê, não perdia nenhum minuto, desenhava esquemas que enviava a um modelador que, por sua vez, os repassava a um fundidor. Mouchot estava em todas as frentes, ia e vinha por toda parte, se atarefava em todas as etapas, corria da escrivaninha à bancada, da bancada à oficina, da oficina à escrivaninha. Não fazia mais nada além disso. Não se associava a nenhum outro mecenas. Não o viram escrever nenhum artigo nem registrar nenhuma patente. Longe das vaidades mundanas, longe dos círculos científicos, longe das frivolidades e dos esnobismos, avançava sozinho. Enquanto os outros cientistas tinham secretários para suas pesquisas, outros inventores pagavam estudantes para fazer as tarefas ingratas, Mouchot se encarregava de toda a concepção, sem a ajuda de mãos auxiliares, estabelecendo sozinho os esquemas preliminares, e não deixava ninguém mexer em seus cálculos.

No entanto, uma semana antes da demonstração, percebeu que a quantidade de trabalho era titânica para um homem só. Precisava de um ajudante para ampará-lo, para ajudá-lo a consertar os defeitos do tubo, a resolver as dificuldades. Às vezes via artesãos ociosos sob o telhado dos pátios cobertos, encostados nas colunas, com os rostos marcados pelos fornos, os braços hipertrofiados pelo trabalho.

Uma segunda-feira, ao entardecer, Mouchot reuniu todos eles em seu ateliê. E tentou convencê-los, apresentando sua invenção como uma descoberta dos gregos, num jargão extravagante, cheio de cálculos geométricos, utilizando resultados que ninguém poderia confirmar, garantindo que a concentração de calor solar poderia produzir uma força capaz de inverter a curva da Terra. Foi considerado louco. Nenhum artesão se voluntariou. O comandante Verchère de Reffye precisou oferecer um bônus de quantia generosa para encorajar os mais indecisos, pois sabia que a demonstração em Biarritz fortaleceria sua posição no poder tanto quanto a de Mouchot nos ateliês.

Ele já cogitava aumentar a recompensa quando, na quinta-feira, terceiro dia depois de sua oferta, um dos mais antigos artesãos de Meudon, um certo Benoît Bramont, um gigante de quarenta anos, se apresentou à porta de seu gabinete e, entre as máquinas barulhentas, em meio aos clamores e estalidos, falou sem nenhuma hesitação:

– Está bem.

Vestindo uma camisa listrada e uma simples calça de algodão, Benoît Bramont era um colosso, tinha o pescoço largo, o perfil nobre, o corpo naturalmente propenso ao impulso vencedor e ao suor do trabalho. Com a cabeça raspada, os ombros largos, as pernas atléticas, nada parecia poder derrubá-lo, e de seus olhos minúsculos, perdidos no meio do rosto, emanava uma espécie de franqueza brutal. Na época em que Mouchot o conheceu, Benoît Bramont tinha mãos enormes que ficavam vermelhas quando ele fechava o punho, um esqueleto maciço e mineral; sentia-se na hora que se tratava de um homem capaz de sobreviver em qualquer lugar. Ríspido, ranzinza, quase sempre embriagado, seu rosto só se iluminava para as mulheres e para o jogo: ele adorava trapacear nas cartas, comer como um condenado e, mesmo bêbado, nunca dizia a verdade.

Crescera em abrigos insalubres, em mansardas, aprendera os ofícios de ferrageiro, passamaneiro, cuteleiro, trabalhara em hulhíferas, fiações e bazares. Já se casara, se separara, voltara a casar. Depois de viúvo, só se dedicava ao som das ferramentas, ao alento dos cavalos que puxam as charretes, às caçambas cheias e às bigornas para fundição, e embora se lembrasse de outrora ter tido sonhos, ilusões frustradas, que bruxuleavam e se apagavam naquela idade, ele acabara por se acostumar àquele destino de besta de carga, para ter a derradeira felicidade de morrer o mais tarde possível numa casa no topo de uma montanha.

– Está bem – repetiu. – Mas não quero ir a Biarritz. Tenho horror do mar.

Para Mouchot, aquele monstro de força animal foi uma dádiva do céu. Incansável, aguerrido, talentoso, ele cumpria todas as tarefas penosas, desagradáveis, árduas, com tanto zelo, tanto servilismo, que se poderia pensar que aquela máquina também era sua. Nele estavam acumuladas as forças originais, através da longa filiação operária, todas as potências em germe, toda a opressão milenar dos trabalhadores. Centenas de famílias, toda uma profunda linhagem de ancestrais tenazes, necessitados, batalhando raivosamente em silêncio, tinham resultado naquele gladiador ébrio, capaz de aguentar em pé por dezesseis horas seguidas. E quando acabava o dia, quando o ateliê parecia ter sido sacudido por uma tempestade, ele limpava tudo sem se queixar, sem recuar, esfregando a cavalariça napoleônica como antigamente Hércules os estábulos de Áugias.

A máquina ficou pronta três dias antes da data da apresentação. No dia seguinte, Mouchot enviou tudo por um comboio especial do comandante e chegou a Biarritz um dia depois, pela alameda real de amieiros acima do mar.

Um tempo sublime se sucedera às duas semanas de chuvas intensas. O sol, cruel, perfurando o céu, irradiava uma cascata de luz. Mouchot instalou a Octave num amplo terraço entre a Villa Eugénie e o belvedere, uma espécie de varanda que flutuava sobre as águas, separando o homem e o mar. Ao fundo, percebia-se a construção em forma de E, um belo edifício no estilo século XIX, de uma arquitetura simples e refinada, com vinte janelas voltadas para o oceano, quatro andares e uma esplanada elegante à qual se chegava por três degraus ornados com ânforas que, dois mil anos antes, tinham contido o vinho servido a Nero.

A demonstração estava marcada para as duas horas da tarde. Duas horas antes, porém, logo antes do almoço, os primeiros curiosos começaram a se sentar sobre as pedras selvagens, espalhadas sobre os recifes do litoral, de parte a parte da Villa, de onde se podia enxergar o promontório imperial. Ao cabo de uma hora, mulheres se juntaram aos primeiros a chegar, levando almofadas e toalhas, banquetas e bancos de madeira, pois se disseminara o rumor de que algo importante aconteceria, embora ninguém soubesse dizer exatamente o quê. Quando uma parte do círculo mais próximo do imperador apareceu, por volta das três horas da tarde, a plataforma da grande praia já estava tão cheia, tão fervilhante de gente, que foi preciso criar um cordão de segurança para a passagem dos membros da Academia de Ciências de Paris, da burguesia industrial, das damas da corte e, entre eles, das crianças vestidas em roupas de seda, empoadas e frisadas, que tinham insistido para ver o senhor-sol. Em pouco tempo, duzentas pessoas estavam reunidas em torno daquele cenário.

Empoleiradas nas palmeiras, escondidas sob chapéus com franjas, sombrinhas com abas, toldos de lona e guarda-sóis com armações de madeira, todo mundo esperava, com o rosto escorrendo de suor.

O imperador estava atrasado. Naquela época ele já não assistia a quase nenhuma comemoração oficial, preferindo ser substituído, e nas raras vezes em que se apresentava, ficava apenas alguns minutos, o que o tornava uma figura quase onírica. Naquele dia, no litoral de Biarritz, havia tanta gente que nunca o avistara que, quando ele apareceu numa grande porta envidraçada, em roupas leves, sério como um pontífice, seguido em procissão pelo comandante Verchère de Reffye e por um rosário de generais de divisão, a multidão pensou se tratar de uma aparição mística e foi percorrida por um aplauso exaltado da praia até os montes da cidade.

Mouchot, que três semanas antes ainda parecia abatido e miserável, estava sereno e confiante. Na esplanada do palácio, suando em abundância sob o bafo da tarde, ele se mantinha ao lado de seu aparelho como um escultor diante de sua estátua. Ficara impressionado com a multidão reunida no espaço de três horas, mas se reconfortara com os resultados obtidos no ateliê de Meudon, e logo sentira uma fé subterrânea, uma certeza imperceptível, e lentamente começara a encher sua caldeira de água, verificando as válvulas e os espelhos em pétala.

O imperador fez um sinal com a mão e a demonstração teve início. Mouchot executava cada movimento com desenvoltura, dominando a situação. Quando ele acionou a máquina e virou os espelhos para o sol, o entusiasmo dos espectadores se transformou num murmúrio de curiosidade. Do alto das pedras, eles encorajavam Mouchot com aclamações em basco e canções corsárias. Ninguém entendia direito o que aquele aparelho devia fazer, nem por que aquele pesquisador se agitava com tanta minúcia, mas admiravam com um respeito convicto aquele pequeno cientista vindo de longe, heroico naquele papel cesáreo, sozinho diante do sol, grandioso em sua tentativa, tanto que a cada vez que a temperatura da caldeira subia, uma ruidosa ovação eclodia na plateia.

O aparelho esquentava cada vez mais rápido, cada vez mais intensamente. O mercúrio do termômetro subia a olhos vistos. Solitário, altivo entre os olhares de orgulho, a Octave absorvia todos os raios, concentrava todas as forças ocultas, e nada, nem mesmo uma poeira ao vento, uma nuvem fugidia, uma sombra de inseto, perturbava aquela obra-prima do fogo. Aquela estátua de espelhos, erigida como uma mina de carvão, aquele monumento de sol domava o calor tórrido, o sujeitava, o domesticava. Havia na areia o brilho intenso de uma forja.

Os gestos de Mouchot, repetidos mil vezes em seu ateliê, eram agora tão precisos que ele não parecia agir, mas ser levado a uma dança pirotécnica, acorrendo, puxando válvulas, abrindo circuitos, como se estivesse fazendo malabarismos com a matéria. Ele observava fixamente a redoma de vidro que continha a caldeira, à espera de que ela começasse a ferver no meio daquela fornalha, como uma boca aberta ao vento, e se sentia como um construtor de constelações, criando a energia do nada, no brilho flamejante que se projetava sobre todo o quebra-mar, diante da imensidão do oceano.

Ao cabo de quinze minutos, as primeiras gotas começaram a se condensar na parede da caldeira. Um feixe de bolhas subiu timidamente, como um buquê de estrelas transparentes. O vapor liberado passou pelo tubo do alambique, depois pela câmara de água, entrou no cilindro e ativou, com a simples energia do sol, a bomba Greindt. Quando o braço mecânico da máquina a vapor fez seu primeiro movimento, o público exultou.

As pessoas se levantaram num pulo, como se acabassem de ver um morto acordar. Tudo se esclarecera num único minuto: aquele homem acabara de ativar um motor exclusivamente através da energia do sol. Não havia mais nenhuma dúvida sobre a utilidade daquele estranho abajur, feito de pedaços de vidro e metal. Mouchot ouviu um estrondo celebratório, exclamações exaltadas. Ele se virou para o imperador, que parecia tomado pela febre coletiva, e, ao som das ovações, os membros da Academia e os industriais se levantaram. Em dez minutos, toda a costa estava de pé, aplaudindo, olhando para Mouchot, e o imperador apontou sua bengala para o céu: "Viva o sol, viva Mouchot".

Mouchot viveu seu dia de glória. Desceu o estrado como se deixasse o mundo de ontem para entrar no de amanhã. O imperador colocou a mão em seu ombro, as crianças quiseram tocá-lo, a imperatriz lhe estendeu o braço, Verchère de Reffye não o largou um segundo sequer e o apresentou a todo mundo.

Um grupo de cientistas, reunidos no círculo privado de Napoleão III, o convidou a subir ao salão de recepção, onde os esperava uma recepção mundana, e deixaram para trás sua máquina ao sol, soberana e vitoriosa, com a caldeira cuspindo vapor sob o dia resplandecente de Biarritz. Então, de repente, enquanto eles a deixavam, um reflexo tocou seus espelhos e iluminou as vinte janelas do palácio, a fachada, os vidros do alpendre, colorindo o belvedere com um halo leitoso, lançando sobre toda parte uma claridade tão pura, tão branca, que obrigou o imperador a se virar uma última vez para contemplá-la. Era uma reverência final, a cortesia de uma inovação, e todos os que a testemunharam, todos os que viveram aquela cena se viram iluminados por um novo amanhã.

Ao voltar para Paris, Mouchot cumpriu sua palavra. A primeira coisa que fez, antes de guardar seus pertences, foi agradecer a Bramont com o bônus que Verchère de Reffye lhe prometera. Convidou-o a abrir uma garrafa de chartreuse amarelo e lhe entregou a recompensa numa pequena bolsa de couro de cabrito. Como era um homem de poucas palavras, Bramont fez um único comentário, erguendo o copo:

– A Octave.

Esvaziaram a garrafa. Depois de meia hora, Mouchot dormia em cima da mesa. Em contrapartida, Bramont, que nunca recebera uma quantia daquelas de uma só vez, se inflamou, se animou, se inspirou. Podre de bêbado, se levantou, balbuciando que também era um homem de palavra e saiu, com a bolsa de cabrito embaixo do braço, a fim de pagar duas dívidas antigas que o incomodavam havia vinte anos. Dirigiu-se, cantando como um marinheiro embriagado, para a Rue de la Goutte-d'Or, para bater à porta do sr. Vivien. A primeira dívida era para com esse chapeleiro sorrateiro que o despojara num jogo de cartas e, vendo que ele não podia pagar, enfiara uma faca de cozinha em seu abdome. A segunda era para o médico que, sentado à mesma mesa de jogo, precisara costurá-lo às pressas sobre um pano verde ensanguentado.

Quitadas as duas dívidas, aliviado, mais leve e mais bêbado que nunca, Bramont desceu o Boulevard de Clichy, pediu três chopes na Taverne du Bagne, um atrás do outro, duas canecas no Tambourin. Queria festejar dignamente aquela façanha pessoal, aquela libertação, aquele novo homem que se tornara, com a mulher mais bonita de Paris. Passou titubeando pelo Faubourg Montmartre até o Palais-Royal, atravessou o Sena na altura da ponte dos Saints-Pères e subiu a Saint-Germain-des-Près até o Quartier Latin, onde, nos térreos e mezaninos da margem esquerda, fez uma turnê pelas cervejarias. No Pantagruel, na Rue des Écoles, frequentado por párocos e gerentes de restaurantes, ele se fez servir de absinto a noite toda por uma cafetina decotada, fantasiada de alsaciana, que o chamava de "meu raio de sol", e no Sherry-Cobbler, de uma certa Joséphine, ele bebeu tanto vinho barato que confundiu a saia da garçonete com a sobrecasaca de um galeriano e acabou na calçada, espancado.

Ao voltar para casa, incapaz de ler o nome das ruas, percorreu o cais para encontrar seu caminho. Às três horas da manhã, chegando na altura do escritório de navegação de Choisy, onde dezenas de barcos que transportavam madeira serrada e vigas estavam ancorados nas margens, decidiu dormir no porão de uma barcaça cheia de mercadorias. Ao amanhecer, porém, ele não acordou. A embarcação subiu o Sena, passou por Mantes-la-Jolie e Vernon, atravessou as sinuosidades da barragem de Poses, cruzou o porto de Rouen e, na foz de Le Havre, desembarcou sua mercadoria num enorme cargueiro que partiu para o Caribe. Quando acordou, dezessete horas depois, numa tremenda ressaca, Bramont estava em alto-mar rumo à América.

Três meses depois, fez escala na Venezuela. Tentou fabricar e vender máquinas solares que, embora o país fosse banhado pelo sol, não tiveram sucesso. Trabalhou como armador e artilheiro, depois integrou os círculos militares e acabou acompanhando o ditador Antonio Guzmán Blanco em suas campanhas andinas.

Dois anos depois, em Caracas, engravidou uma jovem da favela de Saint-Paul-du-Limon, que deu à luz um gigante, também predestinado a uma grande viagem. Quando a mulher lhe perguntou que nome ele queria dar ao bebê, Benoît Bramont se lembrou de Mouchot, do ateliê imperial de Meudon, da recompensa, da noite de bebedeira, e pensou que aquela avalanche de recordações era apenas a distante miragem de outra vida. Então, para homenagear a máquina que tornara possível aquela aventura caribenha, ele respondeu:

– Vamos chamá-lo Octave.

– Francês demais – disse a jovem, com o bebê no colo. – Vamos chamá-lo Octavio.

4

De repente, não se falava mais do "professor Mouchot", mas do "cientista Mouchot", e a revista de divulgação científica *La Science pour tous* declarou, nos primeiros dias de setembro, depois da demonstração na Villa Eugénie, que "se Franklin soubera arrancar o relâmpago do céu, Augustin Mouchot fizera ainda melhor, ele lhe arrancara a força e a colocara gratuitamente a nosso serviço". O artigo concluía com uma frase inocente, bastante elegante, que destacava que aquela fabulosa invenção carecia, no entanto, "de um livro para sustentá-la".

Mouchot logo se esqueceu daquela observação. Estava ocupado respondendo a uma inesperada avalanche de cartas quando, uma semana depois, outra revista científica relatava o êxito de sua exposição, explicando novamente o sistema da redoma de vidro, o acaso de Alençon, e acabava com uma nota lastimosa, constatando que faltava à invenção "um livro para sustentá-la".

Aquela dupla insistência fez Mouchot refletir. Ele ainda estava inteiramente absorvido por sua correspondência, por suas experiências práticas, não pensava na teoria, e calculou que a escrita de uma obra lhe tomaria o tempo de suas construções. O "cientista Augustin Mouchot" já não queria ter um salário miserável, dar horas de aulas a alunos relapsos, viver num quarto úmido, usar as mesmas roupas, mendigar financiamentos constantemente. Ele precisava construir. Depois de Biarritz, da confiança de um imperador e do apoio de um comandante, precisava aproveitar aquele golpe de sorte para entrar com pé firme no círculo privado dos inovadores.

Foi assim que, numa terça-feira de outono, para aproveitar as últimas tardes luminosas, ele se dirigiu aos jardins do antigo Cemitério do Leste em seu terno de feltro, com pesadas malas de ferramentas, oito pranchas de madeira e trinta espelhos móveis. À uma da tarde, ele dispôs tudo do outro lado de uma clareira e, a vinte metros de distância, instalou os espelhos de modo que eles pudessem refletir o calor sobre as pranchas. Em duas horas, conseguiu incendiar a madeira, mas o fogo ficou tão forte, tão intenso, pegou tão rápido que, quando tentou abafá-lo com seu casaco, Mouchot queimou as palmas das mãos e precisou passar um mês com uma atadura apertada até os cotovelos.

Ele se lembraria do momento em que o comandante Verchère de Reffye, na hora do lanche da tarde, levando-lhe um buquê de dálias, o visitara em seu leito. O comandante mencionou seu talento, falou da biblioteca de Alexandria e do templo de Artêmis, admirou a coragem de se colocar entre os dedos caprichosos da ciência. Lembrou-o, no entanto, com certo embaraço na voz, de que toda grande descoberta sempre fora acompanhada por um grande livro que a legitimava.

– É preciso um livro para sustentá-la – dissera.

Mouchot não soube se o comandante apenas repetia o que as revistas tinham escrito, ou se havia alguma misteriosa conspiração naquilo, mas decidiu, depois de longa hesitação, planejar um período para escrever. No mês seguinte inteiro, no entanto, não pôde trabalhar, pois suas mãos ainda estavam enfaixadas. Ele ficava em casa, ruminando em silêncio, com a mente pesada, andando em círculos no quarto, de modo que acabou escrevendo, mentalmente, uma introdução de espantosa honestidade e grande simplicidade técnica. Nos primeiros dias de dezembro, quando as ataduras finalmente foram retiradas, começou a trabalhar e conseguiu escrever as primeiras linhas com tanta facilidade, tanta fluidez, que sentiu que eram ditadas por um anjo sentado em seu ombro.

Durante os meses de inverno e de chuvas intensas, Mouchot se refugiou no fundo de seu escritório, que mobiliara com cuidado, com uma cama dobrável instalada perto da estante de livros, e se deixou guiar por um sol imaginário. Da mesma forma que abaixara a cabeça para construir seus aparelhos, que não desistira diante do esmagador trabalho de construtor, lançou-se na escrita com uma paixão vibrante e ávida, voraz e insaciável.

Reunira a seu redor as obras necessárias, volumes e documentos, arquivos e trabalhos anteriores. Segundo seus cálculos, precisaria de pouco mais de três anos, trabalhando todos os dias, página a página, com um dia de descanso por semana, para concluir seu livro. Tendo abandonado completamente as experiências audaciosas, pegou todas as suas anotações e passou noites em claro relendo-as ao lado de sua caldeira, dissecando a anatomia do calor, voejando pelos astros e seguindo as estrelas, navegando entre ligas metálicas e sistemas de valores, perdido num pântano de fenômenos desconhecidos e segredos cosmológicos.

Terminou o primeiro capítulo em seis meses. Depois, levou cinquenta noites para escrever o segundo capítulo, que se tornou uma viagem para o passado, uma lista dos usos do sol entre os árabes, os persas, os gregos, até chegar a Horace de Saussure e às observações de John Herschel. De agosto a novembro, terminou três capítulos, registrando o resultado de suas experiências, as influências da seca, reflexões sobre a luz, a escolha dos materiais para os espelhos e pesquisas sobre as óticas de Euclides e de Antêmio de Trales. Esgotou a história das aplicações mecânicas até o começo das civilizações, realizou todos os cálculos possíveis para o cozimento de alimentos em fornos solares, previu as consequências daqueles testes nas regiões tropicais e desenhou os esquemas de uma bomba solar. Enquanto a Exposição Universal acontecia em Paris, que se tornava o centro do mundo moderno, enquanto o imperador encorajava o livre-comércio e a industrialização, enquanto Haussmann transformava a cidade abrindo avenidas e alargando as praças, Mouchot se deitava cedo, vestido com uma camisola de seda por causa de sua pele sensível, sonhando com um livro revolucionário, agitado por uma profecia na qual era o único a acreditar.

A magreza de seu corpo, a fragilidade de sua bexiga, suas dores estomacais, tudo o impedia de fazer refeições pesadas, consideráveis, e o obrigava a uma dieta perpétua. Ao meio-dia, ele comia uma tigela de arroz e uma sopa de vegetais, mastigando lentamente, com medo de nós no intestino; depois voltava ao trabalho. Nutria-se de outra fonte, mais enraizada, mais profunda, convencido de que o poder do sonho o tornara imortal.

O Egito, às margens vermelhas do Nilo, onde ele poderia erigir canais e irrigar as planícies desertas. O golfo do Panamá, a Ilha do Rei, onde se dizia que o sol não fazia sombra. O Marrocos, no fundo de vales de areia de Errachidia, onde poderia instalar um concentrador de cinquenta metros de altura e alimentar uma cidade inteira. A Tailândia, na província de Rayong, onde o sol era uma divindade e os sábios eram tão sagrados quanto os elefantes. E a Argélia, francesa desde 1830, onde se contava que os pastores viviam como os primeiros patriarcas, em casas abertas ao vento, com jardins banhados de luz e varandas sobre as quais o sol passava. E ele sonhava, sozinho em seu apartamento, viajando por aquelas sílabas ensolaradas e místicas, pensando naqueles horizontes indomáveis onde a terra seria rica o suficiente para permitir a construção de máquinas de ouro.

Estava prestes a colocar um ponto final em seu livro quando, um dia, lendo os jornais estrangeiros, tomou conhecimento dos trabalhos de Ericsson, do outro lado do oceano. Nos Estados Unidos, o inventor sueco criara um aparelho de medição do valor energético da radiação solar e publicara um breve escrito intitulado *The Use of Solar Heat*, em que falava de espelhos parabólicos.

Mouchot, informado da notícia, não conseguiu dormir por uma semana. Toda a sua primazia científica fora colocada em dúvida. Tudo fora abalado por um terremoto. O sonho ao qual ele aspirara, o de ser o primeiro a possibilitar o uso da energia solar, o de escrever seu nome na História, desmoronava como uma marionete desarticulada, e os artigos da imprensa estadunidense, unânimes e entusiasmados em relação a Ericsson, acabaram com tudo. Quando finalmente se reergueu, quando saiu de seu atordoamento e voltou à escrita, tinha diante de si um novo obstáculo e uma nova montanha a ultrapassar.

Mais uma vez, porém, a sorte lhe sorriu. Revistas científicas americanas publicaram longos artigos em que desmentiam a existência daquelas máquinas solares. Numa revista econômica, ele leu as seguintes linhas, aliviado: "É falso que o sr. Ericsson tenha conseguido colocar o sol em adjudicação, nem mesmo por lotes. Não chegamos a isso. Os raios estão por toda parte. É um buquê a ser colhido, apenas isso". Mouchot se apressou a colher esse buquê. Satisfeito com essa virada do destino, ele a princípio ficou tentado a ignorar Ericsson em seu livro, depois, pensando bem, decidiu citá-lo. E logo incluiu seu nome e, evocando a longa experiência do cientista obstinado, prestou-lhe homenagem, declarando: "Quando uma nova aplicação está prestes a eclodir, é raro que duas ou mais pessoas não tenham a mesma ideia quase que ao mesmo tempo. Devo acrescentar que uma patente de um ano, registrada em 4 de março de 1861 para meu receptor solar, garante à França a primazia nesse tipo de pesquisa".

Mais ou menos ao mesmo tempo, a dois mil quilômetros de distância, na cidade de Firenze, outro inventor, o professor Donati, construía uma máquina similar, e, na França, o astrônomo Jules Janssen publicava um estudo avançadíssimo sobre a perturbação da radiação solar na atmosfera. Mouchot intuiu que devia acelerar sua publicação e não quis perder tempo. Autorizou-se a ocupar o primeiro lugar. Depois de tudo o que tinha vivido, depois de tudo o que tinha realizado, sabia que naquele momento, na Europa, ninguém jamais estivera mais predestinado a ligar seu nome ao sol. Assim, no dia 2 de junho, quando visitou seu editor com o manuscrito concluído de *O calor solar e suas aplicações industriais*, Augustin Mouchot teve a impressão de que reinventava a ciência.

– Amanhã, publico a Bíblia – ele declarou.

Era nesse ponto que estavam as coisas quando a guerra eclodiu. Mouchot não suspeitava que enquanto lançava *O calor solar*, a poucas centenas de quilômetros as tropas prussianas já estavam em marcha para cercar Paris.

Entre a noite de 18 e a manhã de 19 de setembro se consumaram horas negras e ardentes. O imperador havia capitulado, e a Prússia iniciou um prodigioso avanço de suas tropas, chegando ao Sena. Ao amanhecer, a capital estava cercada. Toda a população masculina adulta foi mobilizada, 150 mil soldados e trezentos mil guardas nacionais resistiram, sem se render, a um cerco de 138 dias. Em todas as portas da capital, nas passagens, ao longo das muralhas, a marcha pesada e o rolar dos tambores carregavam milhares de homens, como uma mancha de óleo, na direção das principais artérias da cidade. Sob as sacadas, no coração das praças, batalhões esfomeados, tropas exaltadas e revoltadas marchavam em todos os sentidos, protegiam a retaguarda, ocupavam o Hôtel de Ville e a Île de la Cité, neutralizavam o Faubourg Saint-Antoine, desciam os canhões de Montmartre. Gendarmes, "vermelhos" e guardas nacionais iam e vinham entre uma multidão aterrorizada, inquieta, que contava seus mortos, fazia fila diante dos açougues, temendo as penúrias futuras e a retomada dos confrontos. Filas de mulheres se formavam na frente dos pontos de abastecimento nas grandes avenidas, bombardeios sacudiam as cabanas dos subúrbios, a margem esquerda sofria. Nos rostos de todos, lia-se furor, medo, angústia. Um zumbido surdo emanava do humilhado e impotente povo de Paris, que lutava para comer, para se aquecer, para sobreviver.

E Mouchot, no meio de tudo isso, misturado à multidão, pensava no sol. A publicação de seu livro, no qual trabalhava havia quatro anos, que esperava havia tanto tempo, foi escurecida por aquela "batalha do carvão". Ele julgava aquela guerra franco-prussiana a coisa mais grosseira, mais baixa, mais estéril, não porque visse nela uma barbárie, mas porque ela entravava sua ascensão rumo à verdade. Para ele, somente a ciência deveria levar ao combate, à luta pela exatidão, pelas cidades do amanhã, pelo conhecimento, somente a ciência tinha o direito à guerra. O resto eram apenas acontecimentos fortuitos, acidentes da humanidade, ciladas. Mouchot fechou os olhos para aquela batalha contemporânea, tanto que naquele 19 de setembro, enquanto um terror sufocado invadia a cidade, como a calmaria que precede a catástrofe, ele desceu em Grenelle, pegou a Rue de Vaugirard na direção da Sorbonne, para verificar se os livreiros tinham colocado seu livro na vitrine.

Com pressa, continuou descendo na direção do Odéon, acompanhando o Luxembourg, em meio à balbúrdia das tropas, constantemente aumentadas por voluntários. Depois, aproximando-se do cais Saint-Michel, ele viu numa pequena livraria, na esquina de duas ruelas medievais, seu livro exposto na vitrine.

O dia foi dramático. No sul da cidade, entre Clamart e Châtillon, canhões de alarme soavam, os prussianos bombardeavam, os cantos revolucionários incitavam as multidões nas avenidas. Resistências se formaram, os parisienses não queriam ceder, e diante daquela guerra terrível que desorganizara tudo, diante da fome que oprimia os desgraçados, diante da demência coletiva que enlouquecia as massas, Mouchot, percorrendo aquela calçada pegajosa, parado estupidamente diante da vitrine da livraria, contemplava sua obra com regozijo.

Naquele contexto, diante de uma Paris sitiada, em meio a todo aquele inferno, seria possível esperar vê-lo pegar em armas, sair às ruas, construir barricadas de cobre e, como Arquimedes em Siracusa, voltar seus espelhos para as torres inimigas para incendiá-las. Mas no exato momento que Paris queimava, a constância e a perseverança que havia herdado do pai serralheiro fizeram Mouchot deixar a capital e se esconder, inabalável, em Meudon.

Ele se fechou em sua oficina e viveu como um asceta. Ao acordar, seu primeiro reflexo, em vez de ler os jornais, era examinar a agulha do barômetro que determinava, ao sabor do tempo, o humor que ele teria. Uma nuvem preta perturbava sua sesta, deixava-o mudo de abatimento, a chuva o deprimia. Ele vivia os caprichos do clima nas entranhas, como uma bola em movimento, e a influência das estações se tornara a única causa de seus humores.

Ele vivia num universo paralelo e nebuloso, até que um dos artesãos o acordou de madrugada, gritando a plenos pulmões:

– A Comuna foi proclamada!

Mas Mouchot nem saiu da cama. Também não saiu quando, dois meses depois, o exército regular fuzilou vinte mil *communards*, prendeu quarenta mil parisienses, nem quando houve deportações, exílios e execuções a torto e a direito. O país parecia afundar. Mas Mouchot, em 28 de maio de 1871, não chorou seus mortos, não se aliou ao novo governo. A única coisa que abalou sua mente foi a constatação de uma leve gripe, de uma dor de cabeça e de alguns calafrios que o impediram de pegar no sono.

A noite foi ruim. A febre subiu numa velocidade vertiginosa. Quando ele acordou, um fogo ardia em suas veias, sua respiração estava sibilante e um violento ataque de tosse o obrigou a ficar de cama a semana inteira. Um jovem médico de Amiens, um ruivo alto com ares cavaleirescos, de tez de alabastro, lhe administrou capsaicina em pó para acelerar a circulação do sangue. Outro médico quis cobrir sua cama com tomilho e flores de tília para facilitar a transpiração. Um dos artesãos, adepto das mesas falantes, insistiu em fazê-lo dialogar com boticários mortos há dois séculos, a fim de que lhe revelassem a causa de suas febres. Depois de dez dias de infusões de aspérula e rainha-do-bosque, de sangrias por cortes no lobo da orelha, Mouchot havia perdido nove quilos e sido levado ao limite da desidratação, suando um líquido amarelo com cheiro de flores mortas que perfumou o jardim do castelo.

Ele tinha perdido qualquer esperança de cura quando uma mulher fez uma estranha aparição, que permaneceu um mistério jamais elucidado até o fim de sua vida. Em plena perseguição aos *communards*, numa manhã ensolarada, uma silhueta furtiva entrou na propriedade de Meudon pelo portão do pomar, na ponta dos pés, sem que ninguém a notasse, atravessou as arcadas enegrecidas das velhas estrebarias num passo de camundongo, passou pelo campo de arbustos e se dirigiu ao ateliê de Mouchot. Quando ela entrou na peça, ele não ficou surpreso, convencido de que se tratava de uma enfermeira ou de uma freira enviada por algum convento.

– Veio me abençoar? – ele perguntou.

A mulher ficou um bom tempo em silêncio. Olhou ao redor para ver se havia mais alguém e percebeu que estavam sozinhos. Sentou-se na beira da cama e examinou Mouchot com um olhar frio.

– Vim curá-lo – respondeu.

Chamava-se Michelle René. Voltou no dia seguinte com uma pasta de boticário embaixo do braço. Encontrou-o na cama, no fundo do ateliê, tirando sua própria temperatura, espreitando o cólera, e teve pena dele. Aplicou-lhe um cataplasma de mostarda preta no peito para acalmar a tosse, massageou as escaras duras de suas costas, deixadas pelas antigas ventosas de Alençon, e friccionou as rugas de suas palmas, nas quais as queimaduras de Tours tinham formado um planisfério em relevo. Seus músculos se soltaram, sua tensão relaxou, e Mouchot ficou tão impressionado com a suavidade das mãos dela, com a bondade de seus gestos, com a eficácia de seus métodos, que lhe pediu para ficar.

Ela dormiu numa cama dobrável. Todas as manhãs, com uma pontualidade inflexível, ela lhe aplicava compressas no peito, colocando na realização dessa nova tarefa a regularidade zelosa daqueles que fogem de alguma coisa. Uma noite, ela trancou a porta do ateliê com duas voltas na fechadura. Ungiu as omoplatas dele com pomadas balsâmicas e, para grande surpresa de Mouchot, se livrou das próprias roupas, besuntou o corpo com unguentos de mostarda e se enfiou embaixo dos lençóis totalmente nua.

– O senhor não está doente – murmurou. – Apenas sofre do mesmo mal que todos os homens.

Ela o cavalgou, cobriu, trepou, esfregou a pele contra a dele, e não apenas restaurou suas forças perdidas como lhe deu a impressão de nascer pela segunda vez, com um vigor e um sacrifício dos quais ele não se acreditava capaz. Eles misturaram seus amargores, enquanto o mundo explodia, berrava, e apenas restavam suas respirações sôfregas e o barulho do fogo na boca dos fornos. Mouchot teve sua primeira noite de amor, conservada pelo cheiro persistente da cavalariça, e no dia seguinte, ao amanhecer, quando ele acordou, restava daquela mulher untada com bálsamos apenas um aposento mergulhado na penumbra e o silêncio digno de uma floresta.

Michelle René lhe roubara duas coisas: a virgindade tardia e algumas roupas. Ao desaparecer, ela fugira de Paris disfarçada de cientista, com calças de prega e um paletó de feltro de Mouchot, que encontrara num armário, e rumara para o sudeste. Tornando-se homem, mudara de nome e se fizera chamar de Michel René.

Por onde passava, Michel se apresentava como um artesão desafortunado. Dizia estar apenas de passagem.

Depois de Melun, Fontainebleau e Sens, Michel René foi aceito num comboio por um grupo de caravanistas que se dirigia para Genebra e atravessara as colinas nuas de Saint-Florentin trabalhando como respigador nos campos. Em Auxerre, foi contratado para ordenhar vacas e colher caracóis. Em Avallon, colocou rebanhos para pastar e trabalhou na colheita. Em Dijon, ceifou e recolheu o feno. Quando chegou a Chalon-sur-Saône, fazia quarenta dias que deixara Paris e calculara que as uvas da Côte du Jura, em meados de outubro, já teriam chegado à maturidade. Ouvira dizer que na estrada para Besançon, em Lons-le-Saunier, naquela paisagem de campinas e vinhas discretas, de bosques de carvalhos e vacas gordas, os mestres de adega buscavam mão de obra para as vindimas.

Mas a filoxera começara a atacar as vinhas, a matar as parreiras, a mirrar as cepas, a ponto de Michel descobrir, ao chegar aos arredores de Arbois, que a única coisa que restava das célebres variedades amareladas de Savagnin eram terrenos abandonados cheios de cadáveres secos de doninhas, escurecidos pelo sol, como cascas de cortiça atiradas nos cercados.

Pediu trabalho aqui e ali, disposto a fazer qualquer coisa, mas a guerra, a fome e a crise tinham devastado a região. Faminto, cada vez mais fraco, entrou escondido num celeiro de uma propriedade vitícola perto de Boissia, não muito longe de Lons-le-Saunier, pertencente a um jovem celibatário que se preparava para viajar para a Califórnia.

Michel se esgueirou para dentro no meio da noite, por uma abertura na parede de madeira da fazenda, e se escondeu por alguns dias num canto da adega.

Depois de uma semana, faminto, decidiu esperar que o proprietário dormisse e desceu até a cozinha, onde roubou alguns figos frescos. Viveu assim por meses, com idas e vindas clandestinas à casa, até o dia em que o jovem viticultor, ouvindo um barulho no celeiro, o surpreendeu.

Ele não o expulsou. Pelo contrário, lhe deu as chaves de sua propriedade, feliz de saber que alguém cuidaria dela, e embarcou em Saint-Nazaire. Michelle René não sabia nada sobre ele. Dizem que nunca chegou à Califórnia, mas que desembarcou em Santiago, no Chile, e que também mudou de nome.

5

A situação se inverteu graças a um misterioso golpe do destino. Dois anos depois da guerra, o tumulto arrefeceu, a república se instaurou, e os novos ares restabeleceram as forças de Mouchot. A paz voltara e, com ela, a alegria exacerbada e festiva das ruas. Enquanto todo mundo, em todos os bairros, em todas as cidades, celebrava o fim dos conflitos, retirava as barricadas, prestava homenagem aos mortos ilustres, reconstruía avenidas, a esperança crescia no coração de Mouchot como uma maré lenta.

Em setembro de 1873, Mouchot deixou Meudon e voltou para Tours. Fez um pedido de subvenção ao conselho geral do departamento de Indre-et-Loire, e sua carta foi lida pelos conselheiros gerais. Os membros da quarta comissão e outros peritos foram convidados a comparecer no dia seguinte, à uma hora da tarde, aos jardins da prefeitura para tomar uma decisão; mas, naquele dia, o calor estava tão grande que foram obrigados a esperar a noite para deliberar. Uma pensão de 1.500 francos foi concedida a Mouchot.

Ele mandou construir um forno solar e um gerador de dois metros e sessenta centímetros de diâmetro. O sentido da história lhe era favorável. Os meios financeiros, depois da guerra, investiam em recursos energéticos. Georges Ville, de passagem por Tours, assistiu aos testes na prefeitura, falou com o prefeito, o sr. Decrais, que fez todo o necessário para obter do conselho geral uma nova subvenção que permitisse a Mouchot fabricar um gerador solar maior, mais imponente, que ele concluiu dois anos depois.

Em 4 de outubro de 1875, Mouchot conseguiu construir um aparelho magnífico com um espelho em forma de cone sem ponta e com bases paralelas que, com tempo bom, podia vaporizar cinco litros de água em uma hora. No pátio da biblioteca municipal, centenas de pessoas se reuniram para aplaudir aquele triunfo da física. Houve tanta repercussão na imprensa que Mouchot recebeu uma homenagem durante a cerimônia de distribuição de prêmios na qual ele recebeu a palma de oficial da Instrução Pública. No dia seguinte, no *hall* de entrada do Palácio de Justiça de Tours, dez anos depois da desastrosa demonstração no pátio do liceu imperial, ocorreu a distribuição solene dos prêmios do liceu, com a presença do prefeito, do general, do arcebispo, de notáveis e dos pais dos alunos. Entre eles, o diretor do liceu imperial, o sr. Borgnet, que duvidara de Mouchot e que hesitara diante de seu rosto obstinado, pronunciou um discurso magnífico, onde exaltou a obra "cujo objetivo eminentemente útil" não apenas ilustrara o liceu como também o levava a crer que ilustraria a França.

Estimulado por esse reconhecimento, Mouchot aproveitou a premiação para solicitar, junto ao ministério, numa carta de 20 de outubro, uma licença remunerada.

Seus sucessos consecutivos e sua perseverança acabaram compensando, pois no fim do ano escolar seu novo pedido foi concedido. Mouchot conseguiu o que sempre almejara: a dispensa do cargo de professor para se dedicar inteiramente às pesquisas. O reitor da academia de Poitiers, o sr. Paul Faure, um homem moreno e alto com um pequeno bigode e olhos que pareciam duas nozes, enviou ao inspetor atuante em Tours um comunicado no qual determinava uma remuneração anual de 3.400 francos e, também, 1.200 francos de licença remunerada.

Pela primeira vez depois de todas aquelas mudanças, Mouchot podia escolher seu próprio exílio: viajar para o sul, para os ciprestes e castanheiras, para as figueiras e oliveiras, para as regiões sem inverno. Ele se surpreendeu de recuperar a serenidade quase que imediatamente. Sua angústia se apagou de repente, suas dores de barriga se desfizeram, seus zumbidos nos ouvidos se dissiparam, a pesada enxaqueca que ele carregava havia semanas desaparecera, e tudo deu lugar a uma certeza quase catártica: precisava ir para a Argélia. Todos os outros sonhos, todas as outras ilusões, todos os outros devaneios não passavam de rascunhos deste; tudo era menor ao lado daquela última realização, exclusiva e única, que tudo consagraria.

Ele se sentou à escrivaninha, se preparou, organizou suas folhas e molhou a pluma no tinteiro. Escreveu cem cartas, dirigidas aos prefeitos e governadores, aos diretores dos Assuntos Estrangeiros, a um amigo advogado, a seu banqueiro de Tours, a Verchère de Reffye, ao barão de Watteville, a Maurice de Tastes e até mesmo a alguns fornecedores de estaleiros navais que conheciam armadores no porto de Argel, então em plena reconstrução, para desenvolver relações estratégicas. Por volta das dez horas da noite, terminava sua correspondência e voltava os olhos para aquela Argélia sonhada, ensolarada, para o deserto banhado de luz, como se voltasse os olhos para um futuro ignorado. Para ele, aquele país superava todos os outros, pois era ao mesmo tempo o ponto mais próximo do sol e o mais distante de sua antiga vida.

Recebeu a resposta em Semur-en-Auxois. Estava ali havia poucas semanas, para cuidar de seu pai, Saturnin Mouchot, na antiga casa familiar, de paredes deterioradas e móveis escurecidos pelo tempo, cuja entrada dava para um jardim de rosas brancas. Uma mureta separava a casa da rua, e no meio dessa mureta havia um pequeno portão gradeado, quase sempre aberto, ornado de arabescos de metal representando folhas de videira. Foi por aquele portão que, numa quinta-feira de chuva, entrou um mensageiro loiro, alto como uma torre, de rosto coberto por uma constelação de sardas, e lhe entregou uma carta de papel rosado, enviada pela Academia. Mouchot não esperou chegar ao vestíbulo para abri-la e descobrir, enquanto as gotas molhavam a tinta, com um arrepio de alegria, que sua missão na Argélia fora autorizada com emolumentos de dez mil francos.

A notícia mudou tudo. Ele colocou numa mala sua caldeira principal, seus cadernos de notas, seu registro de patente da Academia de Ciências, e preparou uma caravana científica. Dois meses depois, em 8 de março, por volta das sete horas da manhã, se pôs a caminho do porto de Marselha.

Ele viajou num veículo bastante discreto, de rodas cansadas, sem veludo nas portas e sem fitas nos trincos, que avançava aos solavancos. Sentado na parte de trás, apertado num terno de flanela branca, como os que vira nas litografias dos oficiais franceses da Argélia, Mouchot se fez escoltar por dois artesãos até Vitrolles e, na retaguarda do comboio, por nove burros azuis carregados de alambiques solares e espelhos de cobre. Deixou para trás a chuvinha de Tours, o tinido das armas, o ateliê de Meudon, o pai moribundo, tudo o que o acompanhara por quase dez anos.

A cada metro, o sol se tornava mais forte. Ao passar por Clermont-Ferrand, o tempo cinzento desapareceu, bem como as nuvens escuras, a chuva ácida e constante. Apesar do estado lamentável das estradas, uma luz intensa inundava todo o campo com um véu dourado. Era como se, nos caminhos da França e no coração de Mouchot, o sol finalmente nascesse. Aquele homem que sempre temera a vida de conformidade e o cotidiano insípido de professor de matemática, que trocara a serralheria dos pais pela escola, a escola por Alençon, Alençon por Tours e Tours por Paris, aquele homem que não tinha predileção pelo exotismo, mas que sempre tivera sua busca solitária como motor, demonstrava com aquela viagem o reflexo de seu verdadeiro esplendor.

Acompanhando os montes da Ardèche pelo norte, ele chegou a Le Puy-en-Velay e seguiu para Valence, onde fez uma parada para a noite. Ao amanhecer, dirigiu-se ao mar, pelos baronatos provinciais, onde as passagens eram raras, os caminhos, acidentados, as estradas, perigosas. Cortou caminho pelos vales, entre Alpilles e Verdon, para evitar os pântanos da Camargue, e ficou tão obnubilado pela vitalidade daquelas paisagens milenares que não notou que seu veículo entrava pela porta Norte de Marselha, depois de dezenove dias de caleche, e o conduzia até a Canebière, onde foi deixado no fim da Rue de la République, que acabara de ser renomeada.

Foi exatamente ali, no coração das docas de Joliette, ao norte do Porto Velho, sem dúvida o lugar mais ensolarado de todo o país depois da enseada de Toulon, que Augustin Mouchot subiu num barco pela primeira vez na vida. Tomou lugar a bordo de um navio da Compagnie des Messageries Maritimes, que partiu do Golfo do Leão na direção do porto de Argel. Estava tão excitado, tão entusiasmado, que esqueceu sua mala no cais do quebra-mar. Três dias depois, quando pescadores a abriram com uma lanceta, convencidos de que conteria tesouros científicos, eles só encontraram livros amolecidos pelo calor e banhados em cera de bigode derretida.

Quando Mouchot chegou a Argel, o bafo o incomodou. Assim que cruzou a fronteira e pisou em solo africano, descobriu que era esperado e que sua pobre diligência e seu barco confirmaram a reputação que já o precedia: ele era um gênio sem qualquer vaidade.

A mais alta autoridade da comissão científica o recebeu como a um ministro e lhe deu a honra de convidá-lo para jantar nos salões coloniais. O governador da Argélia, Alfred Chanzy, deputado de Ardennes, que detinha o cargo mais elevado da hierarquia política colonial, que guiara 150 mil homens na batalha de Le Mans e escapara de uma execução sumária durante a Comuna, convidou-o a tomar chá sob um telhado feito de sombrinhas. Era um homem de mãos pequenas, humor sombrio, cuja pele tinha um verdor macabro causado pelos mosquitos que, todas as noites, apesar de todas as suas precauções, o esvaziavam de seu sangue.

– Não se pode ganhar uma guerra contra um inimigo invisível – ele dizia.

Apesar do calor, ele vestia um uniforme de lã crua, uma echarpe vermelha cruzada ao peito e uma espada pendurada na coxa esquerda por um boldrié de ouro, com uma lâmina gravada com inscrições bíblicas. No dia seguinte, ele instalou pessoalmente Mouchot em Mustapha, numa bela casa no coração do campo argelino, a casa mais exposta ao sol da região, onde todo o mobiliário fora restaurado.

Mouchot ficou impressionado com aquela ampla casa colonial, de grande luxo à francesa, com altos janelões que davam para um jardim tropical. Era como se toda a vegetação argelina, com suas plantas exóticas, ciprestes e terebintos, urzes e medronheiros, entrasse na peça em estilo Luís XVI, com relevos no teto e recantos estofados, painéis de cor marfim e tapeçarias peroladas, num oximoro variegado. Os lençóis eram limpos e novos, as paredes tinham gesso recente, todas as cômodas tinham sido repintadas, e o velho jardim abandonado se abria, entre os cercados dos camponeses vizinhos, perto da grande estrada que levava para Constantina, para um grande pátio com tamareiras onde Mouchot logo vislumbrou, sem precisar forçar a imaginação, experiências faraônicas.

No início da primavera, liberado das obrigações protocolares, ele pôde começar a trabalhar. Mas o mês de abril era inclemente e volúvel. Durante as primeiras semanas, ele precisou se contentar com alguns tímidos dias de tempo aberto, insuficientes para os testes. Tomou notas sobre as variações de intensidade do calor, sobre a estabilidade do clima da Argélia, sobre os metais pertinentes para uso em lâminas refletoras, e construiu, por encomenda, um aparelho solar portátil, leve e desmontável, destinado a cozinhar alimentos sem combustível.

Foi com essa máquina, nos primeiros dias de abril, que ele pegou a estrada para um périplo exploratório. A cada etapa, testava seu material e fazia experiências variadas, como um viajante comercial, apresentando suas invenções às diferentes guarnições, bem como às autoridades árabes locais. Na Mitidja, vendo a situação dos agricultores argelinos, adaptou seu receptor solar a algumas bombas, facilitando a distribuição da água nos campos para irrigações ou drenagens. No topo de um monte, às cinco horas da manhã, sob uma temperatura de zero grau, Mouchot serviu um café quente a seus guias em menos tempo do que sob calor intenso em Paris. Num dia de tempestade de vento, sua máquina obteve os mesmos resultados obtidos na cidade, sob céu calmo, e ele pôde constatar, com um orgulho inocente, que seu concentrador solar não temia nem as tempestades de calor africano nem os invernos frios europeus.

Em Biskra, no meio da tarde de uma quinta-feira, quando os guias quiseram derrubar uma oliveira que crescia entre duas rochas para cozinhar uma ovelha, Mouchot fez uma demonstração surpreendente e, acionando sua máquina transformada em panela solar, conseguiu um cozimento tão rápido da carne que os guias falaram sobre aquilo durante toda a travessia. Um deles chegou a exclamar:

– Eu não sabia que era possível comer luz.

Ele chegou a Batna pelas montanhas do Aurés, em oito dias de mula. A areia brilhava como neve, e aquele mundo fabuloso, no coração do deserto, lhe dava a impressão de um gigantesco refletor de cobre. Mcouneck, Bassira, T'kout, as aldeias se sucediam com uma potência onírica, em cenários majestosos, de caráter tão nobre e digno que Mouchot pensou que, ali, poderia ter sido um outro homem. Começou suas "experiências de divulgação" para capturar a atenção dos árabes. Como um missionário incansável, foi recebido em toda parte com as honrarias devidas a um homem de sua envergadura, ora por chefes de tribo, ora por camponeses, levando o que considerava a novidade e o futuro. Mas não vendeu nenhuma máquina. Ninguém se ofereceu para financiar um ateliê de construção, ninguém assinou um contrato de cessão de exploração.

Ele entendeu que precisava ir mais longe. Certa manhã, um guia mencionou o topo do monte Chélia, onde o sol ardia mais que em qualquer outro lugar. Mouchot decidiu ir até lá.

Rumou para o leste. Estava atravessando uma aldeia que cheirava a leite de cabra, acompanhado de alguns guias berberes, consultando seus mapas, quando uma criança de dez anos, de pés descalços, com olhos como duas esmeraldas, surgiu do nada, fez com que ele descesse de seu cavalo e, com gestos apressados, pediu que ele a seguisse até uma cabana um pouco abaixo da aldeia. Ela insistiu tanto que Mouchot se deixou levar até uma espécie de tenda de tecido lanífero onde, no centro, sentado em pufes com botões vermelhos, estava um belo cavaleiro barbudo, de ombros largos e nariz reto, com uma espingarda atravessada no peito, segurando uma carta do governador, que foi estendida a Mouchot. Assim que ele a abriu, o papel emanou um cheiro de especiarias misturado a um aroma de esterco.

– O governador me enviou para escoltá-lo até Argel – anunciou-lhe o cavaleiro.

Mouchot lhe respondeu que não tinha tempo. Mas o cavaleiro, sem se dar ao trabalho de se levantar dos pufes, cortou-o:

– É um assunto que não pode esperar.

Dois dias depois, por volta das duas da tarde, Mouchot foi deixado pelo cavaleiro na frente da porta do governador. Foi recebido na entrada principal por um jovem com um jelaba de cores vivas, pele acobreada e cabelos pretos, que lhe pediu para segui-lo pelas galerias da casa. Mouchot entrou na penumbra de um longo corredor ornado de painéis fechados, esculpidos com arabescos barrocos, enquanto o muezim cantava a oração sobre a mais alta galeria do minarete. O corredor era tão escuro que ele precisou seguir o jovem de perto e só conseguiu se localizar pelo reflexo dos raros raios de sol sobre os objetos de cobre pendurados nas paredes, até chegar a uma larga antecâmara iluminada por um poço de luz no teto, decorado com pássaros de estuque. Quando entrou, o governador ergueu os olhos e, reconhecendo-o, dirigiu-lhe um sinal entusiasmado, convidando-o a se sentar.

– Mouchot – exclamou –, sinta-se em casa.

Ele mandou servir um chá requintado de ciclâmen de seu próprio jardim, de cor rosa escuro, e biscoitos de coco no formato de chifres de gazela, feitos por um confeiteiro bretão, em geral reservados às delegações ministeriais e aos convidados de alta patente.

– O senhor fez uma longa viagem. Descanse um pouco.

O ar da sala estava impregnado de um cheiro de manteiga e infusão de flores. Entre esses eflúvios, pairava um mau cheiro de estábulo, o mesmo que Mouchot sentira ao abrir a carta no deserto. O governador se explicou: a noite fora um forno, as fontes do jardim tinham atraído insetos entorpecidos pelo calor e, no meio do sono, ele precisara ordenar que esterco fresco fosse queimado para expulsar os enxames de mosquitos que o perseguiam.

– Em um século, eles vão acabar nos expulsando do país – ele disse, rindo.

Depois, com leveza, foi direto ao ponto, sem desvios e preâmbulos.

– Mandei chamá-lo para lhe pedir uma coisa importante. O senhor estaria disposto a ser nosso homem?

Mouchot não entendeu. O governador esclareceu:

– Na Exposição Universal.

As condições logo lhe foram passadas. Tratava-se de representar o Pavilhão Argelino, construindo o maior receptor solar do mundo, que precisava ser fabricado antes de 1º de maio, para poder entrar no catálogo da Exposição de Paris.

– O senhor conhece a sociedade Mignon & Rouart?

O governador não esperou a resposta de Mouchot.

– Eles lhe fornecerão o que o senhor precisar – concluiu.

Ele apertou a mão de Mouchot efusivamente, enquanto o acompanhava até a entrada de sua antessala.

E repetia "encontramos nosso homem" com um sorriso. Depois, antes de fechar a porta, convencido de ter feito a escolha certa, lhe ofereceu um último biscoito.

– Obrigado por ter aceitado espontaneamente – ele lhe disse. – O navio parte amanhã de manhã para Marselha.

Mouchot se despediu sem entender nada. Na rua, o cavaleiro continuava à sua espera, sentado à sombra de um alpendre, e insistiu a acompanhá-lo até sua casa. Mouchot agradeceu, mas disse que preferia caminhar sozinho. Desapareceu nas galerias sinuosas da Medina e se deixou levar pela multidão, demorando-se diante dos tabuleiros de especiarias, atordoado com os pregoeiros e com a proposta do governador. Esperou que o calor baixasse para atravessar a grande praça. As cadeiras já estavam nas ruas, sob os pequenos alpendres das casas, onde as matronas se sentavam para conversar ao crepúsculo. As árvores exalavam o perfume das primeiras mimosas e, no dia seguinte, foi aquele mesmo cheiro que Mouchot sentiu no navio que o devolvia à França, ao deixar para trás o porto de Argel. Vendo a costa se distanciar, ele teve a suspeita secreta de que voltaria, cedo ou tarde, para subir o monte Chélia.

6

A primeira coisa que Mouchot fez ao chegar em Paris foi comparecer ao número 137 do Boulevard Voltaire, onde a sociedade Mignon & Rouart estava estabelecida havia dez anos. Henri Rouart fora um dos primeiros a se interessar pelo correio com tubos pneumáticos e pelo motor a gás, mas também pelas câmaras frias, que o orgulhavam em particular, pois ele fornecera as da sala de conservação do necrotério, no Quai de l'Archevêché. No Boulevard Voltaire, já tendo ouvido falar de Mouchot, Rouart o recebeu com entusiasmo numa grande peça barulhenta, repleta de objetos heteróclitos, onde se sentia um cheiro de aço fundido e brasas frias, como numa mina de ferro. Assim que ele chegou, uma cumplicidade de inventores se criou entre ambos, constituída, para Mouchot, de uma inspiração ardente por aquele homem que estudava o frio, e para Rouart, de uma sincera simpatia, cheia de consideração, por aquele professor obcecado com o calor.

Rouart trabalhava na época com o famoso ceramista Émile Muller, um homem elegante, de mãos de argila e caráter generoso, que estava sempre acompanhado de seu secretário, Abel Pifre, um rapaz de nariz aquilino e olhar fogoso, com a pele branca dos que evitam o sol, e Mouchot nunca teria imaginado, ao pisar no número 137 do Boulevard Voltaire, que aquele jovem engenheiro seria um dos encontros mais cruciais de sua vida.

Naquele momento, ele precisava de um sócio. Desde seu retorno à França, procurava alguém que pudesse redigir dossiês de registro de patentes, conseguir encomendas, gerenciar os direitos de propriedade, reduzir os custos de fabricação, organizar demonstrações em locais estratégicos e, acima de tudo, alguém que se mantivesse a seu lado para apresentar, durante a Exposição Universal de 1878, o maior aparelho solar do mundo. Ele a princípio pensara em Rouart. Mas quando conheceu Abel Pifre, soube na mesma hora que aquele era o homem que procurava. Mouchot, cuja saúde à época declinava, se lembraria por toda a vida de como o vira naquele dia, no primeiro andar, na frente da escrivaninha de Rouart, ereto, seguro, o peito sólido como o de um jovem rinoceronte. Assim que falou com ele teve a firme certeza de estar na presença de um homem com um grande destino pela frente.

Foi durante esse encontro, num momento em que Rouart e Muller se afastaram, que Abel Pifre se aproximou de Mouchot e lhe perguntou, sem timidez:

— O senhor poderia me explicar sua máquina como se eu tivesse oito anos de idade?

Mouchot explicou, encantado, lisonjeado com aquele súbito interesse. Abel Pifre era um jovem de vinte e cinco anos, de rosto escanhoado, altura mediana, ombros elegantes e mãos finas, rosto exalando saúde e autoconfiança, com a voz potente de um homem de quarenta anos. Tinha a insolência jovial dos burgueses bem alimentados. Cabelos castanhos e cacheados sombreavam uma fronte perfeita, e duas espessas sobrancelhas masculinas conferiam a seus olhos o duplo vigor daqueles que, alternadamente, perturbam as mulheres e são invejados pelos homens. A energia natural da idade, por outro lado, aumentava a serenidade de sua maturidade. Ele passava uma impressão de calma, um ar que confere caráter aos que sabem domá-lo, e seu olhar, insistente sem ser indiscreto, tinha o toque indefinível dos mágicos ou dos homens de fé.

Ninguém jamais soube como Abel Pifre chegou a se interessar pela energia solar, nem por que motivo se dedicou tanto àquela quimera, pois tudo o predestinava à vida ociosa dos que vivem de rendas. Ele poderia não ter trabalhado nenhuma hora de sua vida, pois herdara de seus pais uma fortuna sólida, constituída através de sucessivos casamentos vantajosos entre proprietários, que lhe permitira viver até o momento sem levantar um dedo. Ora, o jovem Abel Pifre, que crescera como um príncipe turco numa casa localizada em Champniers, na Charente, com cinco criados a seu serviço, rapidamente se mostrara curioso a respeito de tudo. Desenvolvera tanta vivacidade mental que, em vez de destiná-lo ao ofício de tabelião, como seu irmão, o pai o enviara para a Escola Central de Artes e Manufaturas, da qual ele saíra em primeiro lugar na turma de 1876.

Ele se tornou cientista, sem no entanto renunciar à vida de rentista, e parecia não separar essas duas artes de viver, encontrando numa o que lhe faltava na outra. Três dias depois da cerimônia de diplomação, aceitou o cargo de secretário de Émile Muller, seu professor na Escola Central, um ceramista alemão que fundara uma empresa de construção industrial em Ivry-sur-Seine. Pifre trouxe melhorias às composições do arenito, uniu pessoalmente esculturas, formou jovens aprendizes e artesãos, e se dedicou tanto a aumentar o renome do ateliê de Muller que se dizia que ele cobrira de cerâmica todos os muros da cidade. Mas embora Émile Muller tivesse prometido a Abel Pifre um futuro prodigioso na indústria, ele já tinha um filho, um cessionário seguro, uma empresa florescente, e Pifre sentiu que não havia lugar para o próprio desabrochar. Ele precisava de um novo projeto, de uma nova conquista.

Assim, em maio de 1877, no gabinete de Rouart com Émile Muller, quando um homem que emanava a solidão do deserto se apresentou, com os olhos cheios de areia e promessas, falando de máquinas solares apresentadas como as quatro luas de Júpiter, Pifre viu naquilo um sinal.

O acaso daquele encontro decidiu seu futuro. Naquele dia, excitado com a breve demonstração de Mouchot, voltou para casa, pensou em melhorias, fez retoques e, numa noite de tempestade, sem nada a perder, dirigiu-se ao ateliê de Meudon e entrou pela porta da cavalariça sem se fazer anunciar. Plantou-se na frente de Mouchot e desenrolou dez folhas de esquemas.

– O senhor é um gênio – disse –, mas lhe falta uma coisa.

Primeiro, Mouchot o achou arrogante. Deu uma olhada rápida nos esquemas e julgou sua mão pesada, seus traços, imprecisos, sua escrita, grosseira. Mas quando se debruçou sobre eles com mais atenção, ficou impressionado com as imperceptíveis e brilhantes astúcias daquele jovem engenheiro. Os artifícios mecânicos com que Abel Pifre cercara sua máquina corrigiram a tal ponto algumas lacunas que o jovem, vendo a surpresa no rosto de Mouchot, ousou finalmente expressar o que viera lhe dizer.

– Vim compartilhar o sol com o senhor – concluiu, confiante.

Mouchot não respondeu. Observou com cautela aquele jovem prodígio e, vendo-o de pé à sua frente, com as mãos sujas de tinta, o olhar determinado, teve a impressão de voltar dez anos no passado, para o dia em que se postara na frente do diretor Borgnet, com sua patente da heliobomba na mão, para lhe oferecer uma demonstração no pátio do liceu. Mas Mouchot logo se deu conta que acabava de conhecer seu oposto perfeito. Abel Pifre tinha tudo o que lhe faltava. Ele falava sem hesitação ou tremores. Caminhava ereto, com o queixo alto. Seu paletó estava sempre apertado na cintura, aberto nas rendas dos babados da camisa, fechado por elegantes botões que revelavam a finura de seus punhos. Suas calças tinham a prega central dobrada no cós e desciam até luzidias botinas envernizadas que o obrigavam a caminhar lentamente, com delicada distinção. Elegante, inteligente, ele usava gravatas de musselina, camisas de cambraia e uma bengala com castão ornado com um sol que dava a tudo o que fazia um caráter cintilante. Falava corretamente, como um homem vivido. Sua conversa era sempre animada, cheia de palavras inglesas, como se ele estivesse voltando de viagem, com zombarias inteligentes e leviandades pudicas. Quando Mouchot o encontrou pela primeira vez, pensou que Abel Pifre era aquilo em que o sol, se fosse homem, teria encarnado.

Mouchot ficou tentado a recusar aquela ajuda providencial. Teve a sensação de que aquele rapaz roubaria não apenas suas ideias, como também sua luz. Mas o instinto de velha raposa, que guia todos os cientistas como uma bússola na floresta, o fez mudar de ideia. Tinha consciência de sua falta de charme. Sabia que seu porte febril e enfermiço não fora feito para a imprensa e as honrarias, para a popularidade e o brilho, e que nenhuma medalha poderia glorificar seu peito esquelético. Sabia que sua fala, hesitante e confusa, que tropeçava a cada palavra e tremia assim que ele elevava a voz, não fora feita para atrair as massas e declamar grandes discursos, mas para calcular murmurando, para contar a meia-voz, para medir em silêncio. Ao observar Abel Pifre, ele a contragosto sentiu um calafrio de fascínio por aquele polo antagônico, majestoso, olímpico, impetuoso. Avaliando a situação a seu favor, Mouchot decidiu se deixar levar por uma dessas afinidades que unem as naturezas opostas, e apertou sua mão.

– Está bem.

Essas palavras foram pronunciadas com a mesma força de Benoît Bramont antes do sucesso de Biarritz. Mouchot exigiu conservar o título de inventor exclusivo, ao que Pifre consentiu. Os dois homens assinaram o contrato de exploração, e, rapidamente, suas mentes fervilharam de ideias.

Durante esse período, a colaboração Mouchot-Pifre foi extremamente frutífera. Eles registraram não apenas novas patentes de invenção como também aperfeiçoamentos ao uso de refletores formados por várias zonas superpostas, bem como esquemas dos mecanismos de orientação dos receptores. Pifre logo concebeu, sobre novas bases, a disposição dos espelhos do motor termodinâmico e Mouchot, retomando todos os esquemas de seus últimos anos de pesquisas, começou os primeiros esboços de um aparelho de grande potência para a Exposição Universal. Essa máquina, que teria um destino maravilhoso e trágico, e que produziu, diante de uma multidão de cientistas e pesquisadores, um fluxo de 140 litros de vapor por minuto, não teria nada a ver com a que Mouchot apresentara em Biarritz.

A montagem foi dantesca. Eles construíram uma espécie de monstro sublime, que desaparecia sob uma complexa arquitetura de espelhos, um empilhamento de placas como as de uma couraça medieval, um eriçamento de chapas parafusadas, de onde saía, no centro, um grande funil, um abajur invertido, recoberto internamente por folhas metálicas em torno de um recipiente de água. Foi preciso recorrer a uma dezena de operários que trabalharam por dois meses, sem descanso, num pavilhão de chão batido, para construir essa caldeira e seu cone de prata, grandes o suficiente para conter seis adultos sentados.

Ela possuía nas laterais toda uma rede de tubos que mantinha um diálogo contínuo com uma máquina a vapor que acionava, sob uma pressão constante de três atmosferas, uma bomba capaz de elevar dois mil litros de água por hora. Da cabeça ao ventre, um esqueleto de armaduras frias continha o corpo principal, servindo de suporte aos canais de água e ao compartimento de vapor. Os operários trabalhavam em silêncio, enquanto Mouchot e Pifre, habilmente, arranjavam aquelas vísceras de aço, cujo inacreditável conjunto, em meio a um alarido de tinidos e ferramentas, se assemelhava a uma divindade bárbara. Os resultados dos primeiros testes foram promissores e, no dia 28 de abril, depois de um ano de trabalho encarniçado e a três dias da inauguração, Mouchot e Pifre finalmente conseguiram admirar, sob os telhados daquela oficina, o aparelho pronto, que agora parecia um gigante sentado, de músculos colossais, com um intestino que comia sol para produzir energia.

– Não é uma máquina – Abel Pifre disse a Mouchot. – É um ciclope.

A Exposição Universal de Paris foi aberta no dia 1º de maio de 1878. Fortunas inimagináveis tinham sido gastas para elevar essa data a uma dimensão titânica. Para a inauguração, foram construídos o hotel Continental e o teatro Marigny, fontes Wallace, pagodes chineses e o novo Palácio do Trocadéro, um pavilhão circular alucinante com colunas encimadas por dois minaretes majestosos no topo da colina de Chaillot, de onde emanavam continuamente os sons melodiosos de um órgão Cavaillé-Coll. Banqueiros e rentistas se aventuravam até o outro lado do Sena, atravessando as portas da Escola Militar, atraídos pela balbúrdia da Galeria do Trabalho, onde pessoas de roupas multicoloridas sopravam pérolas de cristal, crianças de quimono gravavam ideogramas em escamas japonesas, homens com barbas trançadas esculpiam pipas em espuma do mar, moças poliam botões de madrepérola do Pacífico, e mulheres com vestidos de pele de iaque, trazidas pela Companhia das Índias e falando uma língua mais antiga que a formação das montanhas, bordavam xales de Katmandu cantando poemas hindus.

Quando as portas do grande hall foram abertas, o século parecia no auge. Milhões de espectadores descobriram embasbacados a cabeça da Estátua da Liberdade, que oito anos depois seria oferecida aos Estados Unidos para contemplar eternamente a baía de Nova York, e na qual se podia entrar por quarenta centavos, o que fazia os visitantes dizerem: "A liberdade tem a cabeça oca". No dia 3 de maio, grandes gritos de espanto e aplausos frenéticos foram ouvidos no teatro Opéra quando o russo Yablochkov, graças a trinta e duas esferas de luz, iluminou uma das artérias da capital com postes de seis lâmpadas capazes de brilhar por uma hora e meia.

Mas aquilo que obteve o mais curioso e maior sucesso da exposição sem dúvida foi a primeira máquina de gelo. Ao lado do moinho Toufflin, num amplo espaço, a casa Pictet instalara um complexo sistema de equipamentos brancos e lustrosos, cujas cubas metálicas, interligadas por pistões de ácido, faziam com que eles parecessem carvalhos cheios de neve. Um homem bonito de barba fina e olhos de tigre, um certo Raoul Pictet, que acabava de voltar de uma expedição científica ao Egito, fez a uma multidão fascinada uma demonstração de sua mais recente descoberta, que ele próprio julgava mais importante que a domesticação do fogo. Depois de acionar uma pesada máquina da qual emanava um intenso cheiro de enxofre, ele girou manivelas, subiu escadas, fechou tubos e, meia hora depois, tirou um bloco de gelo liso e elegante, do tamanho de um melão, aureolado por leves rastilhos de vapor branco, que jorrava da boca da máquina como se tivesse sido polido por um ourives.

Raoul Pictet, orgulhoso e digno, fez seu bloco de gelo passar de mão em mão, acompanhando as exclamações com grande número de observações científicas, explicando que sua máquina era capaz de produzir vinte e quatro toneladas por dia, e ninguém conseguiu realmente entender como aquele homem conseguira tirar do ventre daquelas tinas um diamante gelado, de uma pureza cristalina, que parecia vir diretamente de um iceberg.

A poucos metros dali, nas ladeiras da Rue Magdebourg, os passantes que subiam o Sena e atravessavam a ponte Alexandre III podiam ver, no Pavilhão da Argélia, numa pequena elevação natural, uma série de caldeiras de todos os tamanhos sobre tripés, frascos de vidro e recipientes transparentes. Ali, entre pagodes luxuriosos e fontes de mármore, uma tímida figura apagada, um homem de cinquenta e poucos anos, de tez bronzeada pelo sol da Argélia, de silhueta cansada e gestos ansiosos, expunha timidamente o maior espelho do mundo.

No primeiro dia, Mouchot ferveu a água quase instantaneamente, diante de um pequeno círculo que se formara a seu redor, e realizou uma destilação. Mas ninguém se interessou. No dia seguinte, ele tentou retomar sua ideia da panela solar e cozinhou um pernil em quinze minutos. Mas a imprensa não ofereceu a mínima atenção, vendo naquilo uma experiência inútil, sem valor prático. Aquela promessa de futuro industrial era utópica, pois a energia do sol nunca poderia rivalizar com a combustão do carvão.

A má sorte não abandonou Mouchot. As nuvens estavam baixas. O tempo, pouco clemente. Mas enquanto ele se obstinava a repetir as mesmas experiências, Abel Pifre, de espírito mais atento, mais moderno, entendeu que não bastava inventar: era preciso surpreender. As pessoas queriam assistir a feitos impressionantes. A novas álgebras. A proezas que desafiassem as leis da física: um globo celeste de sessenta metros, balões cativos que podiam sobrevoar a cidade, uma esteira rolante que deslocava os homens a uma velocidade prodigiosa, a primeira máquina de escrever e o primeiro telégrafo.

Abel Pifre se lembrou de Raoul Pictet. A fila diante de seu pavilhão nunca diminuía. As pessoas saíam com um pedaço de gelo na mão. As crianças eram levadas por seus pais. Os comentários não cessavam. Abel Pifre foi até lá certa manhã e assistiu a uma demonstração. O pedaço de gelo que saiu do aparelho escaldante lhe causou forte impressão. Ele calculou que a invenção de Pictet, entre todas as outras, afrontava com fascinante arrogância os trabalhos da natureza e ultrapassava os limites da ciência. No entardecer do terceiro dia de exposição, enquanto Pictet estudava em seu pavilhão, a portas fechadas, Pifre entrou pela porta lateral, subiu no andaime onde o inventor fazia alguns últimos ajustes e se postou na frente daquele poeta do frio, intrigado e intimidado, como antes fizera diante de Mouchot, com a mesma frase nos lábios:

— O senhor poderia me explicar sua máquina como se eu tivesse oito anos de idade?

Raoul Pictet não ficou surpreso. Homem inteligente e generoso, tomou o tempo de lhe mostrar o complexo mecanismo que lhe permitira congelar a matéria. Enquanto o crepúsculo caía lentamente, no calor espesso das tinas pretas, ele fabricou diante de seus olhos um bloco de gelo tão branco, tão límpido, tão puro, que Pifre pensou se tratar de um truque de mágica. Pifre passou a noite pensando, obcecado com a ideia do controle do frio, adormeceu depois de quatro horas de reflexão, ainda abalado com o que vira, e sonhou com gigantes de aço que, abrindo seus peitos, exibiam mangas de gelo no lugar do coração. Ao acordar, tudo lhe pareceu ao mesmo tempo tão evidente e tão irrealizável que, no início da manhã, quando encontrou Mouchot na ladeira de Magdebourg, pousou a mão em seu ombro e disse:

– Nós vamos esfriar o sol.

Fizeram isso naquele mesmo dia. Abel Pifre reapareceu subitamente depois do almoço, acompanhado de Raoul Pictet e de três jovens rapazes que carregavam nos ombros tinas e tubulações. Dois grandes estrados foram colocados no meio da rua e, naquele cenário de tons magníficos, a máquina de gelo de Pictet foi ligada à de Mouchot. A instalação não tinha nada de surpreendente, tanto que no início ninguém prestou atenção neles, pois as pessoas não entendiam ao certo o que dois aparelhos opostos poderiam produzir juntos, mas quando a instalação chegou ao fim, Abel Pifre avançou com solenidade diante da multidão que se formara e tomou a palavra:

– Senhoras e senhores, é o sol que, fecundando a terra com seus raios, fornece aos motores animados seu alimento, fonte de toda energia. É ele que, provocando a evaporação na superfície dos mares, leva a água dos rios até sua fonte e alimenta nossos motores hidráulicos. O vento, por sua vez, não passa de uma consequência das perturbações do calor na atmosfera. A hulha e o carvão, os próprios elementos da máquina a vapor, são o produto de uma vegetação luxuriante criada pela ação do sol armazenada no solo.

Fez uma pausa.

– Não é natural – ele continuou –, já que é aos raios solares que devemos a energia disseminada no planeta, que tenhamos pensado em nos voltar diretamente à fonte que os emite?

Houve um grande silêncio, que prefigurava o anúncio de um prodígio divino. Enquanto Pifre falava, Mouchot instalou o tubo que enchia a caldeira de água. Ele usava um terno simples de algodão e um chapéu de palha. Ainda parecia o clássico professor de matemática de um colégio interiorano, mas o peso das coisas vividas, a gravidade conquistada de seus traços e a tenacidade de sua obsessão tinham erodido seu rosto até lhe conferir um ar sábio, um perfil científico encarniçado que acentuava sua força. Ele encaixou delicadamente a redoma de vidro, moveu os espelhos parabólicos, girou a manivela. Abel Pifre concluiu:

– Senhoras e senhores, permitam-nos demonstrar que o sol também pode produzir seu oposto, o gelo.

Essa frase arrancou os primeiros aplausos. A temperatura da água subiu na caldeira, o vapor passou pelo tubo, acionou a máquina a vapor, que, por sua vez, colocou em marcha o aparelho de gelo. Em poucos minutos, as três máquinas iniciaram um diálogo perfeito, uma sinergia incrível, e da intensidade do calor saiu um pedaço de gelo, duro e frio como uma pedra preciosa, que deixou os espectadores boquiabertos. Pictet pegou o bloco na mão e o passou a Pifre, que o levantou sob as aclamações dos presentes, como teria feito com um troféu, com mão firme, sob ovações fervorosas, e Mouchot sentiu naquele momento a estupefata emoção de um deicídio. Trinta anos depois, em seu quarto empoeirado da Rue de Dantzig, ele ainda se lembraria daquela tarde misteriosa e onírica, e por muito tempo se perguntaria, em seus pensamentos mais audaciosos, se aquela cena realmente ocorrera.

A história do bloco de gelo chegou aos ouvidos do comissário, nas altas esferas da Exposição. Ela teve tanta repercussão que a dupla Mouchot-Pifre foi convidada a proferir uma conferência no grande auditório do Palácio do Trocadéro, uma sala faraônica com grandes janelas de vidro, ornada com emblemas e tapeçarias, repleta de esculturas e sofás de seda, diante de uma multidão de deputados, generais, senadores, negociantes, mas também na presença do barão Watteville, cuja ilustre família tinha uma genealogia que datava da época dos domínios feudais. Incapaz de falar para aquele público, Augustin Mouchot pediu a Abel Pifre que fizesse a apresentação. Embora já tivesse feito duas demonstrações para o imperador, Mouchot ainda não perdera a timidez patológica, e a ideia de precisar se dirigir a barões e comissários o apavorava.

Abel Pifre, que conhecia Mouchot, preparara tudo. Era como se, finalmente, toda a espera vivida desde o primeiro encontro com Mouchot adquirisse naquele momento sua dimensão mais exitosa. Naquele dia, sabendo que falaria, ele encerara o bigode milimetricamente e penteara o cabelo para o lado, mostrando a fronte nacarada. Usava um lornhão de casco de tartaruga, que pousava na bochecha direita para enxergar as últimas fileiras, e um gibão azul com botões de ouro, feito pelas estilistas do teatro Opéra de Paris. Assim vestido como um príncipe, ele subira num estrado diante de uma sala cheia de donos de sociedades de exploração energética, financistas e diretores de empresas, e suas primeiras palavras impuseram um silêncio imediato.

O auditório frio e murmurante, onde as pessoas ainda conversavam puxando as cadeiras e fumando cachimbo, se calou de repente diante de sua presença perturbadora. Toda a pressão dos dias anteriores, em que fora preciso arrancar a atenção do público, e toda a tensão transmitida pela multidão, com a qual fora preciso lutar, vieram à tona com uma força arrebatadora. O ritmo de suas primeiras frases foi tão preciso, tão pertinente, que se propagou como uma corrente. Depois delas, não houve mais nada entre ele e seu público. Quando Mouchot ouviu que era apresentado com adjetivos laudatórios, não reconheceu a voz de Pifre. Ela não tinha o mesmo tom de antes, que o velho pesquisador conhecia, cheia de pequenas afetações e palavras graciosas. Ela agora era mais grave, mais séria, e sua melodia era enfeitiçante. Números e lirismo, resultados concretos e revoadas poéticas, anedotas para tornar o momento mais leve e previsões sensatas, tudo parecia ter sido pesado, calculado.

Às vezes, no meio de uma frase, em pleno discurso, ele deixava pairar um silêncio que ninguém ousava romper, e o mantinha por alguns segundos, entre duas respirações, com o punho fechado, como se apertasse um pássaro na palma da mão, depois soltava uma palavra na direção dos presentes, que aclamavam aquela sutileza. Num intervalo de uma hora e meia, ele foi interrompido quarenta e sete vezes por aplausos e ovações. Com o pescoço firme, o tronco inclinado para a frente, belo como um bode furioso, ele estava tão imbuído de seu papel, tão enfeitiçado pela tarefa que lhe fora confiada, que carregava consigo toda a assembleia, e quando erguia o dedo para o céu para dar peso a uma frase, todos na sala erguiam secretamente o seu, imitando seu gesto.

A conferência recebeu uma acolhida instantânea. Em poucos dias, a dupla Mouchot-Pifre alcançou um triunfo inesperado, ocupando o centro de todas as conversas. Em 31 de outubro de 1878, o júri lhes entregou, sob a cúpula do Palácio do Trocadéro, a medalha de ouro da Exposição Universal, um grande medalhão esculpido por Eugène-André Oudiné, na qual se podia ver o Champs-de-Mars em baixo-relevo e uma mulher representando a república coroando duas alegorias.

Enquanto isso, um homem escondido na multidão, um certo Crova, um acadêmico universitário de Montpellier, questionava na imprensa o valor econômico daquele refletor solar, sua utilidade, a quantidade exata de calor que ele podia produzir. Ele conseguiu reunir duas comissões ligadas ao ministério de Obras Públicas, uma em Montpellier, outra em Constantina, para avaliar seu rendimento, calculado com dois espelhos de cinco metros quadrados expostos aos raios solares. Alguns meses depois, os resultados das experiências das comissões de Montpellier, enviados ao ministério e resumidos por Crova, concluíram pela ausência de potencial industrial do equipamento com as seguintes palavras: "Em nossos climas temperados, o sol não brilha de maneira contínua o suficiente para que esses aparelhos possam ser utilizados na prática".

O golpe foi duro. Apesar da publicação dos estudos do sr. Crova, apesar do fato de, na imprensa, zombarem de Mouchot, criticado por ir buscar energia a milhões de quilômetros de distância quando se podia encontrá-la dez pés embaixo da terra, isso não impediu seus opositores mais tenazes, seus detratores mais obstinados, de reconhecer a importância daquela grande invenção. Até então, Mouchot não representara perigo para ninguém, os progressos de seu trabalho não colocavam em perigo a amplitude do progresso industrial dos homens de negócios. Mas com a medalha e a missão na Argélia, que a imprensa retomava sem parar, os jornais se voltaram para o "homem-sol" e lhe dedicavam suas capas.

A França reconhecera entre os seus, em suas fileiras, em seu vulcão de talentos, uma figura iluminada cujo nome era agora mencionado pelos grandes profissionais da imprensa. Um simples comunicado que mencionasse uma de suas demonstrações fazia as tiragens aumentarem, os lugares eram reservados com três dias de antecedência e as pessoas acorriam para conseguir os melhores. Homenagens, distinções e medalhas acadêmicas choveram sobre ele, e em Semur-en-Auxois, onde alguns membros de sua família continuavam no ateliê de serralheria, os Mouchot eram cumprimentados na rua com distinta reverência.

Aqueles dias foram uma apoteose além de todas as expectativas. Mouchot adquirira uma fama que o precedia. Era convidado para todas as mundanidades, para todos os salões. Aqui e ali, em todas as mesas, precisava repetir a história da congestão pulmonar, da ventosa de vidro, do feliz acaso no pequeno apartamento de Alençon. A cada vez, ele acrescentava detalhes, enfeitava a cena, exagerava o calor daquele dia. Foi assim que aperfeiçoou sua capacidade de falar na frente dos outros, que desenvolveu sua eloquência e de repente demonstrou certo desembaraço que até então nunca manifestara. Vendo-o, era possível pensar que sempre soubera circular na sociedade. A timidez pareceu abandoná-lo. Ele olhava as pessoas de frente, respondia com inteligência, e tudo o que nos outros teria sido considerado arrivismo, em Mouchot adquiria uma dimensão mais nobre e mais comovente, em que se adivinhava um antigo acanhamento domado.

Sociedades alemãs e inglesas quiseram comprar suas patentes. Ele repeliu as primeiras com irritação, as segundas com desconfiada cortesia. O exército também se interessou, a ponto de o general Flatters levar uma máquina solar para o combate contra os tuaregues, trágica e célebre missão, composta por uma caravana militar de noventa jovens rapazes, em pleno Saara, rumo ao maciço de Hoggar, e de o visconde de Lesseps, homem de negócios e explorador, que atravessou os lagos salgados tunisianos, ter assombrado os guerreiros que encontrava com o fabuloso funcionamento de um aparelho que, à vista de todos, em pleno deserto, assava seu pão todas as manhãs.

Mouchot finalmente conheceu a glória, que coroava longos anos de espera e de fracassos invisíveis, de tiranias silenciosas e de esforços vencidos. Ele poderia, graças a essa fama, se tivesse tino financeiro, se instalar num luxuoso apartamento, ter cavalos de montaria na estrebaria e veículos na cocheira, passar de festa em festa, de salão em salão, andar de carruagem e de tílburi com um lacaio de libré. Mas Augustin Mouchot não se vestia com alfaiates caros, não mandava fazer sobrecasacas azuis com botões de ouro cinzelados, ou coletes de seda e brocados com motivos orientais. Mouchot vestia sempre o mesmo terno, de feltro cinza, e mandava lavar suas camisas uma vez por semana. Ficava claro, ao vê-lo, que ele não tinha estilista, não tinha guarda-roupa, não tinha carruagem, que poderiam ter tornado elegante aquele filho de serralheiro provinciano de bochechas encovadas, corcunda e anêmico que não dizia uma palavra, que pedia desculpas por respirar, e cuja existência mal era notada.

Mouchot não se demorou saboreando aquele súbito triunfo. Em 28 de outubro de 1878, endereçou ao ministro uma carta na qual solicitava uma nova missão à Argélia.

Anexou à carta alguns estudos sobre a separação da água pela pilha termoelétrica, pois estava convencido de poder obter, com certeza, através da concentração dos raios solares, o preparo de muitos produtos raros. Dois meses depois, de volta a Semur-en-Auxois em visita ao pai doente, recebeu uma carta de confirmação. Assim, depois que a tormenta das honrarias cedeu, depois que o dinheiro das subvenções foi recebido, Mouchot preparou sua mala, embarcou significativos equipamentos num trem e pulou numa diligência para o sul. Com o mesmo impulso frágil que sempre constituíra sua natureza, seguiu diretamente para o porto de Argel, onde chegou dezesseis dias depois, exausto porém eletrizado, com a mente tomada por uma ideia fixa: subir ao topo do monte Chélia para tocar o sol com os dedos.

7

No porto argelino, Mouchot foi surpreendido por uma recepção ainda mais entusiasmada que a primeira. Burgueses, cientistas e personalidades políticas acorreram às centenas para vê-lo, interrogá-lo, convidá-lo. A imprensa o mencionou e, nos três meses que se seguiram a seu desembarque, nunca um pesquisador fez correr tanta tinta e nunca seu nome foi pronunciado tantas vezes. Os poetas se juntaram ao coro, as revistas universitárias também. Um padre da biblioteca teológica da Igreja de Argel encontrou em algum lugar um calendário em que sua vinda teria sido anunciada, mas essa teoria foi logo abandonada quando ele se deu conta que Mouchot, como a maioria dos cientistas, era um livre-pensador.

Ele foi logo levado ao ministério da Agricultura e do Comércio. Em 20 de fevereiro de 1879, diante de duzentas pessoas reunidas na grande sala, sob um lustre holandês de uma tonelada e meia, foi sagrado cavaleiro da Legião de Honra. O general Bardin, comandante da divisão de Argel, lhe entregou a insígnia com uma seriedade digna de cerimônia fúnebre, e disse numa voz firme, colocando-a do lado direito do peito:

– O senhor é para o sol o que essa medalha é para a Nação.

Nas primeiras semanas, Mouchot aceitou a ajuda de um rico proprietário que colocara à sua disposição uma bela casa colonial, a Villa Bauer, distante da agitação da capital. Ele se instalou naquela morada suntuosa aberta para todos os lados, com um jardim cheio de árvores frutíferas e tapetes de flores, atravessado por alamedas de tamareiras e fontes com mosaicos de mármore. A casa estava apartada do mundo por um amplo espaço sem sombra, ideal para uma máquina solar, e a perfeita disposição do local lhe pareceu formar o ambiente sonhado, o refúgio certo para que um homem impaciente tivesse, entre seus sucessos recentes e vindouros, um período de recolhimento.

Ao longo de todo o mês de março, Mouchot não fez mais que estudar, anotar, construir e testar novas máquinas. Mas a areia fina da região rapidamente recobria as lamelas de cobre prateadas, retirando-lhes, em pleno trabalho, a eficácia de seu poder refletor. Ele deslocou suas máquinas e realizou algumas experiências em Argel, no Jardin d'Essais, no ponto chamado "Hamac", onde, ao que parece, se encontra até hoje um de seus aparelhos. Seu concentrador solar provocou uma ardorosa explosão de exaltação nos círculos argelinos. Consciente de seu talento, uma força desconhecida e uma grande ambição cresciam dentro dele. Deixou Argel e pegou a estrada para o leste.

Escolheu um itinerário e cinco guias cabilas, tatuados das mãos aos pés, que se puseram em marcha antes do nascer do dia com uma fileira de dromedários. O caminho era arenoso e passava por vales profundos que subiam até as cristas das dunas. Com frequência, eles atravessavam rios secos e, embaixo de cada pedra, lagartos furtivos fugiam ao som dos cascos. Depois de três dias, mataram e assaram um dos dromedários numa marmita solar. A paisagem parecia nua. Quando passavam por uma fonte, rara naquela paisagem, Mouchot era o primeiro a beber daquela água clara, saída das entranhas da terra seca, que escorria de uma cicatriz aberta na pedra, gelada, com gosto de urze, como um milagre dos subsolos. Às vezes, encontravam homens vestidos com longas túnicas, cavaleiros solitários, que tinham uma espingarda enferrujada pendurada no ombro e falavam a língua dos profetas. Os homens levantavam o dedo para o horizonte e pronunciavam um nome desconhecido, de sonoridades misteriosas, que vinha do tempo distante em que o deserto era povoado.

Em pouco tempo, pararam de seguir à risca o itinerário traçado e se deixaram guiar pela bússola do sol. Evitavam as aldeias e dormiam nos povoados dos arredores. Obstinado, puxando sua carroça de aparelhos solares, Mouchot seguia cegamente na direção do sol, movido pela tranquilizadora ilusão de recriar o mundo com a simples força de seus sonhos. Como nos primeiros dias no ateliê imperial de Meudon, ali podia deixar sua natureza contraditória se expandir na direção de uma claridade ofuscante. Ele se cercava de zuavos e batedores indígenas, sipahis e meharistas. E se deixava guiar por comunidades tuaregues em caravana, em intermináveis filas de animais e de homens silenciosos que avançavam lentamente por rotas milenares outrora trilhadas por seus ancestrais. Pedia hospitalidade assim que podia, em trilhas inexploradas. O sol reclamava aquele povo do deserto, aquele exército de fogo, e ele se misturava a suas fileiras, seguindo em frente sem se deter, fugindo para longe, como se quisesse chegar ao centro da África.

Viajou por meses a fio, seguindo o vento, com o corpo envolto em tecidos azuis que desbotavam sobre sua pele e esvoaçavam como vestidos de medusa. Cruzou com mercadores e traficantes que se assemelhavam aos primeiros homens do mundo, criaturas de pele queimada que quiseram comprar seus espelhos, mas Mouchot seguia seu caminho, atrelado à sua ideia, louco e cansado, com o coração voltado para aquele cume imenso e insólito, convencido de lá encontrar as próprias raízes. O calor e as temperaturas não paravam de aumentar em El Aricha, em Géryville, em Tafraoui. Todas as desventuras que ele vivera até aquele momento, todas as horas no colégio, todas as mudanças de estabelecimento, todas as doenças da juventude, adquiriam ali a dimensão absoluta de um sacrifício. Ele passou por Bordj Bou Arreridj, Biskra, T'kout, teve febres terríveis e precisou parar por vários dias no acampamento de Saida. Lá, durante a parada imprevista, continuou fazendo sua máquina funcionar e, quando conseguiu recuperar as forças, montou num camelo cor de mostarda e voltou à estrada.

Chegou à base de um dos pontos culminantes da Argélia, o mais elevado daquela parte do mundo. A nordeste do maciço de Aurés, o monte Chélia era tão alto, a natureza tão hostil e o sol tão abrasador que nenhuma comunidade se estabelecera ali. No inverno, quando os picos ficavam cheios de neve e o calor diminuía, a luz ofuscante afugentava os roedores mais temerários e os pássaros abandonavam seus ninhos. Dizia-se que o diabo morava lá. O xeique Ouled Hamzag insistira em guiá-lo pessoalmente, mas a trilha era longa e espinhosa sob fileiras de cedros, e ele logo o deixara. Somente as duas éguas corajosas que carregavam as peças de seu aparelho e o velho camelo caolho que ele montava continuaram a subida. Os guias desistiram de segui-lo na altura do segundo platô, a mil metros de altitude. Até o dono das montarias, um velho camponês sem dinheiro nem família, preferiu voltar sobre seus passos junto com os outros, abandonando seus animais. Mouchot continuou sozinho, subindo a encosta da montanha, comendo o que lhe fora deixado em potes de vidro fechados, bebendo a água dos riachos pelos quais passava, até que, na noite de 25 de julho de 1879, depois de quatro dias de caminhada, com a impressão de estar perdido no meio daquela imensidão, Mouchot chegou a um terraço frio e entendeu que havia alcançado o topo.

Daquela altura, com um único olhar, podia abarcar toda a região e sua grande planície. Ele sentiu em seu coração uma vitória dupla. Era o homem mais próximo do sol em toda a Argélia, mas também chegava ao ponto culminante de sua vida. Ignorava que aquele seria o fim de uma busca e o início de outra. Se alguém lhe dissesse que o homem que desceria de lá, dois meses depois, seria diferente daquele que subira, ele não teria acreditado. Ao redor de Mouchot se erguiam picos e colinas, troncos majestosos endurecidos pelo tempo, pela solidão dos cumes e pelo vento distante do mar. Lá no alto, um império de carvalhos negros. Outro mundo. Com mais de seiscentos anos, eretos, íntegros, tenebrosos, cedros prodigiosos se elevavam como semideuses, gigantes, titãs, catedrais, criaturas divinas, plantando suas raízes diretamente na rocha, todo um povo celeste e monstruoso ao mesmo tempo.

No cume, um período intenso e livre começou para Mouchot. Ele construía, caminhava, explorava, vagava. Isolado de tudo, lembrava-se dos anos em que estivera preso ao ensino e às academias, vagando com passos leves pelas dunas, com o espírito nutrido pelo vento, a alma mergulhada em meditações. Às vezes descia as encostas de areia e as vertentes de cascalho cujas cristas tinham, como uma cabeleira vermelha, uma fileira discreta de azedinhas. As ondas de areia acalmavam sua mente. Ele dormia à sombra de uma acácia, com a cabeça no abdome de seu camelo caolho, e a fragrância das tempestades do sul o fascinava como um perfume de mulher. Alimentava-se de raposas-do-deserto, que atraía com armadilhas astuciosas e prudentes e que matava com uma pedrada na cabeça. Depois as decepava, esvaziava e cozinhava em sua marmita solar, sobre uma grelha, a panela fechada por um vidro virado para o sol, da qual ele sentia subir, em menos de vinte minutos, um cheiro úmido e acre de carne mole. De barriga cheia, Mouchot adormecia nas falésias, vencido pelo ar pesado, tremendo de um prazer obscuro e secreto.

O que não conseguira realizar em Meudon, ele fez na Argélia. Durante os dias claros, evitava os arbustos secos e as sombras, se afastava dos desfiladeiros e das ervas altas, ia para o alto dos cumes, os lugares mais escaldantes, mais ardentes, empurrando sua máquina como um escaravelho empurrando uma bola. Passava horas sob o sol, apertando os olhos, os músculos do rosto contraídos, os pés em grossas botas, as mãos protegidas por luvas molhadas, a cabeça enrolada num pedaço de couro de cabra e com um chapéu estreito que não protegia seus olhos.

Montava em sua máquina, colocava os pés sobre os refletores, girava os espelhos seguindo o sol, as costas fustigadas por um calor esmagador, e o ardor era tão intenso que, quando ele voltava ao chão, estava todo vermelho, sem fôlego, fumegando por todos os poros, transformado numa tocha humana. A sola de suas botas derretia, suas luvas endureciam, suas roupas flamejavam e desbotavam, todo o seu corpo parecia se evaporar. Mas Mouchot, obcecado, delirante, com os olhos acostumados à reverberação dos raios solares, mergulhado numa animação de mil centelhas violetas, buscava o melhor rendimento de sua máquina, querendo superar os resultados da véspera, sem descansar, sem esperar, como se renascesse a cada tentativa. E quando a água começava a ferver, quando ele acabava de anotar a temperatura exata, o tipo de material utilizado, a hora da ebulição, ele jogava fora tudo que a caldeira continha e começava tudo de novo, numa bulimia alienada, insensata, enchendo-a de novo, no mitológico incêndio daqueles blocos de fogo, com mais habilidade que força, indo e vindo naquele castelo de espelhos incandescentes.

Seu rosto torrava. Ele procurava o incêndio, mais do que a iluminação. Uma necessidade infame crescia dentro dele, a de transformar em loucura todos os cálculos efetuados, as mais sutis radiações, as mais ínfimas brasas, de tornar vermelho o cobre de seus espelhos. Jamais um cientista sentiu, como Mouchot naquele momento, a distância vertiginosa, imbatível, que existe entre o homem e o sol. Uma potência, vinda de outro planeta, o ligava de repente àquela poesia viva. Mouchot encarava o sol, e tudo lhe parecia um diálogo bíblico. Não era apenas a presença constante do sol que, naquelas alturas, adquiria dimensões perfeitas: ele adivinhava alguma coisa de novo em si mesmo, arrepios prodigiosos, forjas imóveis, algo como uma apoteose.

Mas aquela conquista, ainda que fabulosa, teve um preço. Mais tarde, Mouchot nunca soube dizer ao certo em que momento começou a perder a visão. Só se deu conta disso depois de um tempo, ao acordar uma noite em sua pequena tenda e se surpreender de só conseguir distinguir do céu uma imensa camada branca. Não enxergou o céu escuro, as constelações cintilantes, as folhagens cinzentas, a natureza à sombra da noite, apenas uma impossível vastidão esbranquiçada que cobria o cosmos como se toda a areia do deserto tivesse se colado às estrelas.

No início, pensou que fosse apenas um cansaço dos olhos, devido a um excesso de trabalho, e passou as noites massageando as pálpebras com óleo de borragem, aplicando nas olheiras uma mistura de murta vermelha e rícino, mas não demorou a mergulhar cada vez mais num mundo totalmente branco. Os contornos se tornaram imprecisos, a cor das coisas pareceu desaparecer junto com o dia, tanto que ele não conseguia mais diferenciar a aurora do crepúsculo. O mundo empalidecia. Em uma semana, suas retinas começaram a queimar como uma fogueira ardente, como se seus olhos tivessem absorvido todos os raios do céu, e essa queimadura interna, que ele sentiu claramente numa manhã em que acionava sua máquina, o feriu com tanta violência que ele procurou nos matagais galhos de oliveira para arrancar os próprios olhos.

Suas pupilas começaram a inchar por qualquer raio de sol, elas choravam, lacrimejavam, e a luz se tornava insuportável. Como Ícaro acima do labirinto, Augustin Mouchot queimara as próprias asas. Mouchot sabia, como Ícaro, desde o primeiro momento, que cedo ou tarde sua descoberta o levaria a uma altura perigosa, que ele se aventurava no perigo, que ele não voltaria. Ele sabia, antes de subir, que estava destinado a cair. No último domingo de setembro, quando aceitou a ideia de que não poderia ficar sozinho no topo do monte Chélia, Mouchot decidiu descer, tateando seu caminho, mas uma enxaqueca que o oprimia havia três dias o fez cambalear depois de algumas horas de marcha, tropeçar numa grande pedra e bater a cabeça na rocha, perdendo os sentidos.

Acordou perto de Argel. Durante seu sono, nômades que sabiam escrever em tifinague e o haviam encontrado deitado contra um tronco de carvalho, o transportaram, derramando gotas de água de centáurea sobre sua íris, e vendaram seus olhos com um cataplasma de argila branca para conjurar a má sorte da montanha. No hospital Mustapha Pacha, cogitou-se escorbuto pelo estado de suas gengivas e tifo pela presença de piolhos atrás de suas orelhas. Alguns médicos árabes o auscultaram e desconfiaram de uma doença venérea, contraída nas alturas do monte Chélia, mas Mouchot protestou, garantindo que subira sozinho com duas éguas. Outros falaram em conjuntivite de natureza congênita que teria se manifestado subitamente devido à grande exposição à luz, e alguém sugeriu um tumor nas pálpebras.

As opiniões divergentes só agravaram sua tendência à hipocondria. Mouchot fez com que seus olhos fossem obstinadamente examinados por todos os médicos e por todos os feiticeiros da Argélia, mas recusou categoricamente novos remédios ou tratamentos ancestrais, por medo de que lhe causassem outros sofrimentos. Foi confiado a tunisianos que sabiam tratar a febre dos olhos, mas precisou esperar o mês de novembro para ser tranquilizado, ainda febril e cansado, por um especialista de passagem por Argel que lhe falou em oftalmia. Essa palavra o marcou e, embora ele não entendesse totalmente o que significava, ela se estabeleceu com tanta certeza em sua mente que acabou substituindo todas as outras.

Como uma desgraça nunca chega sozinha, foi mais ou menos nessa época que novas jazidas de carvão foram descobertas no leste da França. O aperfeiçoamento da rede ferroviária facilitou o transporte e levou o governo a avaliar que a energia solar não seria rentável.

Da noite para o dia, as pesquisas de Mouchot perderam o financiamento. Depois da Exposição Universal de 1878, os motores a explosão e o uso massivo do petróleo mudaram radicalmente as bases industriais. A missão de Mouchot não foi renovada e ele foi obrigado a voltar para a França. A degradação de sua saúde era tão grande que ninguém, nem mesmo o governador Chanzy, o reconheceu na última vez que o viu no porto de Argel, pouco antes de embarcar em sua última travessia do Mediterrâneo, no cais ensolarado:

– Só as naturezas clarividentes são capazes de tornar aparente a cegueira de seus contemporâneos – ele lhe disse.

Para o velho Mouchot, aqueles foram dias de luto. Ele passou mais tempo lamentando o retorno à França do que ter que encontrar um apartamento para morar, e teve uma crise de melancolia da qual nunca se recuperou. Instalou-se na Rue Torricelli, no bairro de Ternes, em Paris. Deprimido com a súbita interrupção de sua missão na Argélia, recusou-se a voltar ao liceu de Tours depois do período palpitante e rico que acabara de viver por quatro anos. Se no primeiro retorno da Argélia ele chegara em Paris cheio de saúde, boa aparência, robusto como um jovem touro, dessa vez voltava com um aspecto medonho, o rosto caído, o ar desvairado, com uma aparência de ex-soldado derrotado que parecia predestiná-lo a um abismo de solidão.

Apostando em sua lealdade, enviou uma carta ao diretor do liceu de Tours, que avisou o reitor com as seguintes palavras: "O sr. Mouchot foi tomado na Argélia por acessos de febre que lhe provocaram uma cegueira bastante pronunciada. Os tratamentos recomendados pelos médicos não causaram nenhuma melhora". Mouchot fez valer seus direitos à aposentadoria a partir de 1º de fevereiro de 1880, pediu que seus emolumentos fossem transferidos para seu novo endereço e exigiu complementos ligados a suas patentes e direitos autorais. Depois de cumpridas essas considerações, dirigiu-se à casa de Abel Pifre.

Abel Pifre não estava em seu ateliê. À noite, ao saber que Mouchot voltara da Argélia com problemas de oftalmia, ficou preocupado. Não por seus olhos, nem por seu estado de saúde, mas por seus negócios, pois o sucesso de Mouchot depois da Exposição Universal também passara para ele e, enquanto Mouchot vivia na Argélia, conseguira um lugar de destaque no mundo científico. Já naquela época, começara a fazer modificações no receptor solar de Mouchot e registrara em seu próprio nome uma adição à patente sobre a forma do refletor.

Manteve-se em silêncio e deixou passar alguns dias antes de procurá-lo. Mouchot fazia de tudo para encontrá-lo desde que estava reduzido a uma cegueira parcial e aos tormentos do retorno, mas não recebia nenhuma resposta. Só o encontrava na imprensa, pois Pifre publicava artigos de peso nas páginas de divulgação científica de diferentes semanários. Seu renome se espalhara rapidamente, a ponto de ele receber, dos quatro cantos da França, convites para conversas sobre a aplicação do calor solar nas zonas rurais. Ele fundara uma revista científica que contava com vinte jornalistas e da qual se tornara redator-chefe, e planejava traduzi-la para o inglês para conquistar o mercado britânico. Abel Pifre se tornara o que Mouchot gostaria de ser.

Certa manhã, ele marcou um encontro com Mouchot em seu ateliê. O velho inventor apareceu em seus tafetás desbotados, com o lenço azul do qual já não se separava em torno do pescoço, e Abel Pifre ficou surpreso de ver um homem tão fraco, tão doente, com as pálpebras tão pesadas que conferiam a seus olhos uma angústia sem horizonte. Ele estava tão desprovido de tudo que Abel Pifre não soube dizer se Mouchot ficou triste ou com raiva quando lhe anunciou que queria comprar a patente original, a fim de criar, no número 24 da Rue d'Assas, sua própria Sociedade Central de Utilização do Calor Solar.

– Você quer comprar minha máquina? – perguntou Mouchot, com desgosto.

– Não – respondeu Abel Pifre. – Quero comprar todas as próximas.

Mouchot disse que não. A patente lhe pertencia. O tom subiu. A desavença entre eles, provocada por uma simples proposta de compra, acabou adquirindo as dimensões de uma luta de titãs, sobre a qual todos os cientistas de Paris pareciam ter uma opinião. O jornal *Vingtième Siècle*, que tanto elogiara Mouchot, foi o primeiro a vilipendiá-lo e publicar acusações contra sua pessoa. Em todos os quiosques, descobria-se a vida privada daquele homem que sempre cultivara a maior discrição. Ele foi acusado de roubar dinheiro para sair de férias por quatro anos na Argélia, de não pagar impostos, de ter dívidas e adiantamentos não reembolsados; houve críticas a seu caráter frio, irritado e às vezes agressivo, à sua falta de carisma. Cheques, remessas e adiamentos a terceiros, reuniões canceladas, credores, ele precisou enfrentar tudo isso.

Enquanto Mouchot se perdia em mil cartas enviadas à Academia, aos banqueiros, ao advogado, Abel Pifre ganhava terreno. Em 6 de agosto, ele teve uma ideia genial. No jardim das Tulherias, entre uma e cinco e meia da tarde, durante a festa da União Francesa da Juventude, Abel Pifre instalou uma esplêndida prensa Marinoni perto da fonte e utilizou um receptor solar de Mouchot para mover uma máquina a vapor que lhe permitiu imprimir um jornal. O captador agia sobre uma bomba hidráulica acoplada a uma pequena prensa que, movida pela energia de 2,5 cavalos-vapor, imprimiu diante de olhares fascinados, a uma velocidade extraordinária, uma tiragem de quinhentos exemplares por hora do "Soleil Journal", um número especialmente concebido para o evento.

Émile Zola fazia parte do público. Ele ficou tão impressionado que, vinte anos depois, ao publicar *Travail*, lembrou-se daquela inovação e lhe prestou homenagem evocando "esses cientistas que conseguiram imaginar pequenos aparelhos que captavam o calor solar e o transformavam em eletricidade". Embora o sol não estivesse muito forte naquele dia, e a radiação fosse diminuída por algumas nuvens, a prensa funcionou o dia todo. Gaston Tissandier, químico e físico, editor da revista *La Nature*, anunciou como uma profecia: "Quando a hora funesta tiver soado, algum gênio, saindo de nossas fileiras, saberá fecundar o campo das grandes descobertas".

O sucesso da prensa solar incitou Abel Pifre a repetir a proposta de compra de patente. Mouchot ficou tentado a recusá-la de novo, mas essa segunda proposta, mais generosa, ruminada por semanas em seu apartamento de Ternes, o fez pensar. Precisava de dinheiro rapidamente, pois a mudança lhe custara caro, e ele percebia a velocidade com que seu estado de saúde se deteriorava. Pifre, cada vez mais famoso, o pressionou com delicada insistência, e chegou inclusive a sentir um pouco de compaixão por aquele homem que lhe ensinara tudo. Numa terça-feira de outono, Mouchot apareceu à porta de seu ateliê, na Rue d'Assas, com seus rolos de papéis embaixo do braço e com o registro que mandara emoldurar num marceneiro italiano.

Aquela, para o velho cientista, era a consequência de uma busca inacabada, de frustrações passadas e de chagas secretas, de todas as infecções contraídas ao longo de sua viagem às profundezas do deserto, onde uma parte de si mesmo continuava prisioneira. Ele sobrevivera, como sempre havia feito desde a infância, escapando a todas as armadilhas que a natureza lhe preparara, mas permanecera completamente envolto em sofrimento, abatimento, com um olhar perdido no vazio, como se pela fissura de seu coração o sopro da vida já o tivesse deixado. Somente quando começou a se queixar de dores nas costas, artrose, com o corpo encurvado e o olhar fugidio, é que Pifre puxou cinco cédulas bancárias, três moedas de ouro, uma bolsa cheia de moedas de cobre e colocou tudo em cima da mesa que os separava.

– Você sempre será o pai dessa invenção – disse-lhe.

Naquele dia, Mouchot perdeu sua patente. Abel Pifre, novo proprietário da licença, se lançou num comércio desenfreado, procurando todas as empresas que utilizavam máquinas a vapor com a proposta de diminuir seus gastos com carvão. Para obter a confiança de todos, ele alugou salas de exposição com sacadas abertas, paredes ornadas com tapeçarias de motivos astrais e tetos com rosáceas representando sóis risonhos, onde engenheiros recém-saídos da Escola Central ativavam aparelhos que faziam girar pistões ao ar livre.

Foram feitas demonstrações com vinho em vinícolas da Borgonha, com pão em padarias, com bombas nas entradas das minas do Norte. As encomendas se tornaram numerosas, e a Sociedade Central começou a formar aprendizes mecânicos para a manutenção das novas estruturas. Pifre também mandou jovens vendedores baterem às portas das escolas militares, retomando a velha ideia da alimentação das tropas, propôs aos comerciantes da Rue Saint-Guillaume um sistema de butique-relé para as peças a serem substituídas, e inventou todo tipo de facilidades de pagamento para convencer os investidores. Graças a uma herança inesperada, ele empregou uma centena de operários na construção de máquinas desmontáveis, simplificadas, reduzidas, mais leves e menos caras, e acabaria concebendo máquinas solares de bolso se, mais tarde, a Primeira Guerra não o tivesse arruinado.

Mouchot, por sua vez, declinava. Depois de vender sua patente, cedeu por preços ridículos suas últimas máquinas, aumentou suas despesas para pagar dívidas, pediu novos empréstimos e, com ares de burguês sem dinheiro, perdeu a altivez do cientista e a graça do aventureiro. Não se cuidava mais. Retesado numa roupa que tornava sua cintura ainda mais disforme, com o rosto encolhido numa echarpe velha, não tirava mais o velho turbante de tuaregue, embora ele já não passasse de um pano desbotado, que ele enrolava no pescoço, e um velho traje de serralheiro, ao qual faltavam botões de cobre, encontrado no armário de seu finado pai. Esmagado pela frustração daqueles que não realizaram seus sonhos, parou de fazer a barba, deixou os cabelos crescerem e em alguns meses acabou se parecendo com um mendigo em andrajos.

As dores de barriga voltaram, torcendo seu estômago, a cegueira o mergulhou numa escuridão quase total, e um início de surdez o surpreendeu. Começou a beber Marc de Bourgogne em todas as refeições, pois notara que a rigidez em suas costas diminuía com o álcool. Mas com o excesso de bebida, o reumatismo começou a deformar seus joelhos. Ele também teve hemorroidas, vertigens, zumbidos nos ouvidos, cáries, um eczema na palma das mãos e um enorme terçol na pálpebra, tão grande, tão inchado, que um terceiro olho parecia crescer em sua retina.

Enquanto aquela excrescência aumentava em seu olho, uma torre "monstruosa e inútil", construída por um certo Gustave Eiffel, se elevava no centro de Paris. Em Nova York, a máquina solar de Ericsson era apresentada com um refletor de cinco metros com uma abertura de vinte e oito centímetros e, perto de Sorède, o Padre Himalaia fazia suas primeiras experiências com um concentrador solar que atingia a temperatura de 1.500 ºC. Para Mouchot, porém, todos os sonhos tinham se esvaído. Apesar da publicidade de que se beneficiara, não conseguira se impor. As tentativas, os riscos corridos, as demonstrações, tudo parecia se desfazer, se estilhaçar, perder velocidade. Nenhuma indústria investia em seus trabalhos, nenhuma marca o apadrinhava, nenhum comerciante o caucionava. De nada adiantara se matar trabalhando para o imperador e para os presidentes de academias, enviar milhares de cartas à administração pública, mendigar francos em todas as portas, fazer cálculos por dias e noites sem parar, com a obstinação de um monge. Sua perseverança não o salvara.

Mouchot já não era um cientista respeitado, mas um espectro do passado, banido de todos os círculos e rejeitado por todas as congregações científicas. As pessoas diziam que ele fora enfeitiçado na Argélia por ritos exorcistas acompanhados por suratas de cura, e que tinha a morte em seu encalço, pois o tinham feito beber uma mistura de ervas feita por xamãs berberes segundo descrições pré-islâmicas da Ruqyah. Ele já não conseguia caminhar sem perder o fôlego. Logo se tornou um personagem do bairro de Ternes, um homem envelhecido com rosto de fauno, gravata borboleta torta, chapéu mole enviesado. Ele começava a ter dores no quadril que o faziam mancar. E tinha uma tosse crônica, a tez pálida, e vagava de rua em rua, sempre com uma bengala na mão, às vezes escoltado por um estudante que, alma caridosa, segurava seu braço para que ele subisse as escadas de seu prédio. A velha máquina de seu corpo descarrilhava, depois de tantas desgraças sucessivas, com rangidos e solavancos, e se deteriorava, se desmantelava. Agora, mais que a um imperador, era a qualquer jornalista, a qualquer jovem curioso, a qualquer estudante que ele contava seus infortúnios, que ele revelava as injustiças que sofrera, que se queixava de suas penitências e, em seus olhos úmidos, todos liam a ascensão e queda de um homem a quem não restava mais nada, depois de ter tido tudo.

O saldo era desastroso. Incapaz de pagar o aluguel, Mouchot precisou entregar o apartamento da Rue Torricelli. Ouviu falar de quartos baratos para alugar na margem esquerda e desceu o Boulevard Raspail até o cemitério de Montparnasse, virou à direita, ao longo do aterro da via férrea, e entrou no 15º *arrondissement*, cujos barracos, nos limites da cidade e do campo, se amontoavam numa espécie de apêndice nauseabundo nos limites da capital. Era um emaranhado desordenado de ruelas estreitas, sem luz, empestadas por valetas varridas somente pela água das chuvas, e ele ficou triste de ver aquele empilhamento absurdo, tão negligenciado e tão fechado diante da imensidão do campo que se abria depois do Boulevard des Maréchaux.

Ele chegou ao número 56 da Rue de Dantzig com duas malas de couro de cabra e um baú de madeira que continha as peças enferrujadas de sua última máquina solar. Era uma casa escura de sujeira, de paredes rachadas, tão bruscamente fustigada durante uma tempestade que fora preciso fortalecer sua fachada com grandes vigas navais, retiradas do porto de Le Havre, salvas do naufrágio de um galeão. Quando ele bateu à porta, gatos que disputavam um pedaço de frango saíram de uma calha numa briga ruidosa e, atrás deles, lenta e pesada, com um cheiro de antimônio, a proprietária apareceu.

Era uma mulher pequena, dura como um martelo, de olhos sem brilho, cabeça pontuda e ombros largos que a faziam parecer um gladiador de costas. Adivinhavam-se em seu rosto as marcas de uma raiva recente, ainda quente, que a deixara com as veias inchadas na testa e a pele intumescida. Morena, de queixo reto, ela tinha uma cicatriz feia no lábio superior e a boca quadrada das mandíbulas largas. Sua tez cinzenta, envelhecida pela pobreza, agravada pela idade, explicava a solidão a que a miséria a relegara, e os anos de má alimentação, de pratos servidos nos pátios dos imóveis, de restos mendigados nas cozinhas das tabernas, tinham alargado seus quadris a ponto de fazer dela uma das criaturas mais obesas de todo o bairro Saint-Lambert.

– Ouvi falar de quartos para alugar – disse Mouchot lentamente.

Ela cravou os olhos nele. Então Mouchot reconheceu a mulher aterrorizante do balão a gás, que vira em sonho trinta e três anos antes, na véspera da demonstração nos jardins de Saint-Cloud. Ele a reviu igual àquele sonho distante, escondida nas espirais das nuvens, com a boca cheia de ovos pretos, e um calafrio passou por seu corpo.

– Quartos? – ela repetiu, avaliando-o. – Isso aqui não é um hotel. Tem um só.

Ela mediu Mouchot de alto a baixo.

– Seu nome, qual é?

– Augustin Mouchot. E o seu?

Ela ficou em silêncio.

– Pierrette Bottier – respondeu.

8

Desde o dia em que nascera, Pierrette Bottier só desejara uma coisa: morrer em paz. Quando Mouchot a conheceu, porém, embora ela só tivesse quarenta e três anos, nada em seu rosto expressava a quietude de um final feliz. Ao longo da infância, seu pai bêbado gritara tanto com ela que quase a ensurdecera, o que a isolara mais do que seria de sua natureza, e a condenara, entre os vagabundos e órfãos, a empregos ingratos até os treze anos. Ela trabalhara em manufaturas, impressões sobre tecido e fiações, prendendo fios e bobinas imundas por um salário de fome. Deparara-se com uma miséria fria, botinas doloridas, roupas de baixo puídas, dentes arrancados.

Uma raiva constante a acompanhava. Desde os nove anos de idade, sentia uma necessidade tão grande de dinheiro que não vivera um único dia sem essa obsessão, sem avareza e venalidade, calculando tudo. Tivera a boa ideia de poupar um centavo a cada salário, um mísero e pequeno centavo salvo da fome, que ela escondia numa bolsa de couro de vaca sob as tábuas de uma escada, passando pela infância como uma formiga invisível, sonhando para si algum destino fantástico. Ainda tinha a esperança de fazer um bom casamento quando, aos vinte anos, durante uma briga ao anoitecer, uma prima lhe atirou uma plaina no rosto, logo acima do lábio, deixando-a com uma terrível cicatriz na boca.

Pierrette se tornou fria e rabugenta. Irritadiça, de natureza belicosa, não se comoveu quando mais tarde seu patrão a espancou, nem quando precisou abortar numa ruela suja um feto do tamanho de uma laranja. Não sentiu nenhuma tristeza com a morte de seus próximos, nem quando entendeu que nunca se casaria. Foi lavadeira no Odéon, taberneira na rua dos buquinistas, camareira nos novos apartamentos da Avenue de l'Opéra, até o dia em que, com a bolsa de couro de vaca estourando, conseguiu comprar uma residência miserável na Rue de Dantzig, onde pensou terminar seus dias em paz.

Mas ela não morreu imediatamente. A partir da adolescência, ganhou peso numa velocidade impressionante, por abusar demais de xaropes de goma e sucos de beterraba fermentada. À medida que sua cintura aumentava, seu coração se enchia de impulsos mesquinhos que eram, na verdade, o resultado de frustrações passadas. Com a força dissipada, a energia perdida, ela acalmava suas azias com raiz de ruibarbo e tomava até dois litros por dia de extrato de genciana e cinábrio, para aplacar o fogo de seus intestinos. Seu antigo corpo de trabalhadora e operária adquirira a forma de um barril, semelhante a um búfalo deitado de lado, e durante a noite sua barriga soltava ventos ignóbeis que empestavam o ar com um cheiro de queijo e faziam os vizinhos, em seu sono agitado, acreditarem que Paris fora de novo sitiada.

Quando a obesidade a prendeu em casa, a quietude que ela tanto esperara se evaporou com os últimos anos do Segundo Império. Ela viveu a guerra franco-prussiana de 1870, assistiu à derrota de Sedan, sobreviveu aos massacres dos *communards*, viu passarem as diferentes Repúblicas, e o que para alguns foi uma época fascinante de mudanças políticas, novidades sociais e estruturas morais, para Pierrette Bottier foi uma sucessão ininterrupta de infortúnios. Houve o *crash* da bolsa de Viena, a Grande Depressão, o escândalo do canal do Panamá, corrupção e inflação, ela precisou vender alguns bens para sobreviver, pois seu dinheiro desvalorizara, e penhorar as raras joias que a duras penas arrancara da pobreza. Foi por isso que, embora tivesse por toda a vida expressado o humilde desejo de morrer em paz, Pierrette precisou, em 1899, alugar o próprio quarto, na própria casa, para poder pagar suas despesas.

Foi exatamente nesse momento que Mouchot apareceu. Numa manhã de nevoeiro, à porta do número 56 da Rue de Dantzig, aos setenta e quatro anos, quase surdo e quase cego, falando um francês misturado com palavras árabes, com uma pele que lembrava o sol incansável do deserto argelino, ele lhe propôs um adiantamento dos três primeiros meses de aluguel. Garantiu que não estava de passagem. Ela aceitou, e nenhum dos dois imaginou que ele ali ficaria até o fim da vida.

Sua chegada a essa última morada se firmou tão bem em sua memória que, mais tarde, envelhecendo à sombra daquele pardieiro, Augustin Mouchot se lembraria, com uma mistura de gratidão e angústia, daquela sexta-feira enevoada em que Pierrette Bottier o fizera entrar em seu sinistro reino, lhe mostrara sua casa com uma mão mole, o olhar perdido no vazio. Ela o instalou no único quarto, no primeiro andar, tão deteriorado e instável que os ventos mais leves faziam as paredes tremerem em dias de tempestade.

– Uma varrida e ficará como novo – ela disse.

A casa de Pierrette Bottier era um imóvel sujo, úmido, fedido, feito com tábuas mal cortadas, onde tudo rangia, desmoronava, ressumava. Calhas desencaixadas, divisórias que não passavam de estacas verticais, janelas escuras de sujeira, paredes desbotadas, tapetes furados, mofo por toda parte. Durante a chuva, a água com frequência inundava as vielas e, passando por baixo da porta que não fechava mais, entrava na casa carregando os dejetos e as imundícies da Rue Robert-Lindet. A escada que levava ao quarto ficava a céu aberto desde um desabamento da construção, e o madeirame, em alguns pontos, não passava de um tabuleiro apodrecido de escoras e cabos de ferro. Não havia campainha, apenas duas cabras nervosas, de cascos quebrados, presas à mesma corda, que baliam quando uma sombra aparecia. Mouchot deixou sua máquina na rua, sob um pequeno alpendre do pátio, ao abrigo do sol. Na primeira vez em que se sentou no pátio, perdido em devaneios, olhando para as cabras em silêncio, Pierrette o avisou:

– Não olhe para elas. Essas cabras não dão leite quando olhamos para elas.

Foi naquele casebre que eles viveram a dois durante o primeiro ano. No verão, Mouchot passava os dias no pátio cheio de galinhas e, no inverno, na sala envelhecida pelos anos de abandono, na qual restavam apenas alguns móveis capengas, onde tinham acabado de se pulverizar as últimas economias da bolsa de couro de vaca e os últimos suspiros de sua época solar. Seus pés inchavam por qualquer esforço, seu corpo vacilava mesmo quando ele estava sentado e a cada dia ele comia menos. Obrigado a aceitar a ajuda de Pierrette, que levava a colher à sua boca, ele sobrevivia graças às misteriosas artimanhas do tráfico de legumes que ela operava em longos desaparecimentos no mercado Saint-Lambert.

À noite, ela precisava levá-lo ao primeiro andar, deitá-lo em sua cama, trocar seu penico. Grosseira, invejosa, sempre colérica, aquela mulher de coração seco que ninguém, em nenhum momento, jamais vira sorrir, parecia onipresente, em diferentes lugares ao mesmo tempo, esquadrinhando cada detalhe, sempre precedida por um pigarro contínuo causado por trinta anos de fumo. Ela engordava cada vez mais, com uma pele de leão-marinho, um tronco três vezes maior que o de Mouchot e pernas tão curtas que, sob o vestido manchado com o sangue das galinhas, ela parecia um grande cogumelo de pernas tortas. Às vezes ela chorava à noite, com ruidosos soluços, gritando injúrias à lua, como se três mil anos de misérias viessem à tona todas as noites. Apesar de sua surdez, Mouchot a ouvia do quarto. Uma manhã, ele lhe perguntou qual o motivo de seus gritos, mas ela não pareceu surpresa:

— Que gritos? — perguntou secamente. — À noite, durmo como um anjo.

Mouchot se acostumou à feiura das paredes, ao cheiro de ovo podre, às choradeiras noturnas, e aos poucos criou para si um lugar na casa. Mas suas forças continuavam a abandoná-lo. Exaurido pelas viagens argelinas, perseguido pelos credores, esgotado pelos pedidos de fundos, esmagado pelas enxaquecas, ele rezava em silêncio pela chegada milagrosa de uma alma caridosa que pudesse salvá-lo das águas pantanosas da velhice. Precisava de alguém capaz de organizar seu cotidiano, organizar suas despesas, responder às exigências da Academia, trabalho dantesco que exigia a força de um colosso. Ele não pedia por uma vida de paixão, mas um alívio. Mas onde encontrá-lo? Por mais que procurasse, Mouchot logo precisou aceitar que a única pessoa capaz de suportar aquele encargo e aguentar aquele fardo era Pierrette Bottier.

Ela cuidara dele. Depois de tanto tempo fazendo isso, tratando suas doenças e enfermidades, ele constatou com tristeza que ela era a única pessoa do planeta a saber que ainda estava vivo.

– Nem mesmo Deus tem piedade de mim – pensava.

Essa era sua situação no dia em que tomou a última decisão de sua vida. Mouchot saiu do quarto e desceu à sala, onde Pierrette tirava os carunchos de velhas batatas, e se postou na frente dela. E lhe anunciou, sem grande convicção, com a voz daqueles que informam um drama:

– Quero pedi-la em casamento, Pierrette.

Pierrette Bottier não escondeu sua irritação. Virou o rosto na direção de Mouchot. Havia em seu olhar algo de desesperado, que a paralisava.

– Se está ficando louco – declarou –, faça-me o favor de me deixar fora disso.

Mas Mouchot conseguiu convencê-la, garantindo que, naquele caso, ela ganharia mais do que ele. Graças àquele casamento, ele lhe passaria seus direitos autorais, sua pensão da Academia, uma biblioteca de quatro mil volumes, uma escrivaninha, três medalhas de ouro e a última máquina solar que construíra, levemente danificada pelas viagens, que sobrevivera a todas as calamidades do destino com uma resistência gloriosa, cujo esqueleto de vidro e metal ainda poderia ser vendido.

Foi assim, depois de uma simples conversa, um pacto frio. Um acordo mercantil que eles firmaram com a cordialidade daqueles que cumprem uma formalidade administrativa. Na segunda semana de outubro de 1899, três meses antes da virada do ano, numa segunda-feira nublada, eles se casaram na igreja Saint-Lambert de Vaugirard, sem testemunhas. Pierrette Bottier apresentou como dote a casa da Rue de Dantzig, duas cabras e vinte e cinco galinhas que punham ovos pretos. Eles não se prometeram nada, não trocaram juras de nada e, na mesma noite, depois de assinados os papéis, sem aliança ou brinde, cada um adormeceu como se aquele dia não tivesse sido diferente do anterior. Antes de se deitar, Pierrette foi a primeira a pronunciar a única frase que eles trocariam a respeito do casamento:

– Não é porque nos casamos que agora sou sua mulher.

O casamento não mudou nada no equilíbrio doméstico da Rue de Dantzig, mas permitiu que Pierrette se apoderasse da renda do marido com mão firme. Enquanto Mouchot definhava em seu quarto no primeiro andar, sozinho na sinistra escuridão em que a cegueira o deixara, Pierrette se dedicava a administrar o dinheiro da pensão com passes de mágica e uma venalidade que se tornou proverbial no bairro. Embora tenha sido uma espécie de formiga poupadora, ela se tornou uma cigarra perdulária e, ávida de encontrar um negócio lucrativo, colocou na cabeça que um bom investimento seria a melhor maneira de poupar.

Ocorreu-lhe que o comércio de galinhas seria o mais vantajoso. Ao receber o primeiro pagamento da Academia, ela comprou de um criador de Montparnasse trezentas galinhas e oitenta barris de palha, cascas de legumes, pão seco e hortaliças velhas, que atirou no pátio, longe das cabras para evitar pisoteamentos. Ao longo do dia todo, as galinhas bicaram tudo com tanto apetite que depois de vinte e quatro horas, em meio a um cacarejo infernal e um cheiro de penas molhadas, elas puseram ovos suficientes para alimentar um exército. Pierrette passou a semana inteira no pátio, que transformara em quartel-general, juntando ovos antes que as cabras os esmagassem, mas precisou renunciar ao negócio, pois, dois meses depois, as galinhas começaram a morrer umas depois das outras, com o intestino cheio de vermes, por uma estranha epidemia que foi atribuída a uma feitiçaria.

A crise começou na noite em que Pierrette acordou e desceu ao pátio para verificar o sono de suas criaturas. Ela percebeu que, todas as noites, elas escapavam do galinheiro e se sentavam no espelho parabólico da velha máquina de Mouchot, encostando o bico na ferrugem e nas corrosões do cobre. Aquela foi uma prova para ela: a epidemia vinha do aparelho solar. Teve a certeza absurda, irracional, de que a máquina de Mouchot era um espírito maléfico, e tremia só de pensar que aquele aparelho do diabo, vindo das profundezas tenebrosas da ciência, viria aspirar não os raios do sol, mas as energias ocultas de sua alma. Convencida de que uma grande conspiração fora tramada contra sua criação, decidiu que aquela máquina satânica, inútil e monstruosa, não podia ficar mais tempo no mesmo espaço que suas galinhas. Por mais que Mouchot lhe explicasse que não havia nenhuma ligação entre a doença e sua invenção, Pierrette fez a mesa entre eles tremer:

– Ou você se livra daquilo, ou peço o divórcio.

De modo que Mouchot precisou se separar de sua última máquina solar, enquanto os cadáveres e as penas das galinhas comidas pelos vermes eram varridos. Em janeiro do ano seguinte, eles continuavam vivendo na miséria, com grande despojamento, pois irregularidades prejudicavam o pagamento de suas pensões. Mouchot, na qualidade de ex-professor de liceu, era titular de uma pensão de 1.893 francos, além de estar inscrito no orçamento da instrução pública por uma indenização "literária" anual de 1.800 francos.

Mas o dinheiro era insuficiente. As despesas, a alimentação, as contas a pagar, as dívidas a reembolsar, tudo pesava em suas vidas já indigentes. Pierrette, por isso mesmo, vendo as economias se esvaindo, decidiu pedir a uma prima os 3 mil francos de um antigo empréstimo. A prima reclamou, elas brigaram, queixas foram prestadas, um processo foi instaurado.

Esse processo trouxe à luz a situação financeira de Pierrette. Foram encontrados custos judiciais não pagos juntos ao governo. Mouchot não sabia de nada sobre o caso, até a tarde em que um oficial de justiça do tribunal de apelação se apresentou no número 56 da Rue de Dantzig, escoltado pelo comissário de polícia de Vaugirard, para apreender o mobiliário. As coisas poderiam ter sido resolvidas com elegância se, quando eles bateram à porta, Pierrette Bottier não os tivesse recebido de rosto franzido e com uma faca de cozinha na mão.

— Monarquistas de merda — ela gritara.

Ela quase foi presa, mas a administração pública não quis deixar sozinho um ancião acostumado aos cuidados da esposa e arquivou o caso. Por vários dias, não se falou mais naquilo. Mas a saúde de Mouchot fazia com que Pierrette temesse que sua morte levasse à interrupção da pensão.

Ela buscou uma solução mais duradoura. No início de fevereiro, encontrou um homônimo, um certo Charles Mouchot, que não tinha nenhum laço de parentesco com seu marido, para substituir Augustin. Charles Mouchot era um homem assustador, de estatura mediana, de humores frios e tez avermelhada, o olhar baixo, o nariz comprido demais, o cabelo escovado para trás, as sobrancelhas eriçadas; todo o seu perfil tinha a lividez ameaçadora de um marabuto sob a chuva. Ele mesmo tratou da parte jurídica: adicionou dois nomes próprios ao seu e, com a ajuda de um falsário, mandou redigir documentos ilegais com a esperança de que Augustin morresse para dividir seus bens com a viúva.

Mas Charles Mouchot morreu antes. Em 8 de março de 1907, foi detido por falsificação de moeda, pois conseguira falsificar 3 mil francos em moedas de cinco escudos, que repassava em conta-gotas nos mercados de La Villette, e foi encarcerado e condenado à morte em praça pública. Uma graça especial o salvou da guilhotina. Foi autorizado a pagar sua pena perto de Marselha, na ilha de Ratonneau, no hospital Caroline, cuidando de doentes de lepra e de peste, lavando os dejetos de suas tinas e limpando suas latrinas, até o dia em que tentou abusar de uma enfermeira e foi repatriado a Paris. Foi levado ao tribunal e, alguns dias depois, no meio da noite, teve a cabeça cortada na frente da prisão de La Grande Roquette.

A Academia, acreditando que o verdadeiro Mouchot morrera, suspendeu sua pensão. Um mês depois, quando se deu conta disso, Augustin Mouchot tentou requisitá-la. Mas o conselheiro do ministro da Instrução Pública, um homem de testa chata e cabeça raspada, com um grande bigode que cobria toda a boca, o recebeu com frieza em seu gabinete e ouviu sem convicção seu pedido desarticulado. Depois, erguendo os olhos para o céu, ele concluiu:

— Aos olhos da França mutualista, o senhor está morto.

Mouchot se irritou. Foi tirado à força do gabinete. Rumores de que o velho pesquisador não conseguia conter seus acessos de raiva se espalharam. Ele tinha oitenta e dois anos. As alergias e as anemias o estavam comendo por dentro. Tudo parecia conduzi-lo a uma morte iminente e serena, quando, numa noite de abril, depois de um dia de calor esmagador, ele recebeu a visita de um enviado da prefeitura de polícia. No marco da porta, o oficial lhe informou que sua mulher Pierrette, que estava no comissariado do bairro Necker, tivera uma crise tão grande nos corredores que precisara ser transportada à enfermaria especial do posto.

Segundo ela, naquela manhã uma menina de dez anos ingenuamente lhe comunicara uma acusação ridícula contra uma pessoa da vizinhança e Pierrette, amargurada com os problemas familiares, atormentada pelos processos que o casal precisava enfrentar, fora relatar tudo à polícia. Acabou sendo examinada por médicos que não lhe devolveram a liberdade. Ela conseguira escapar, mas fora logo recapturada numa loja de departamentos do 7º *arrondissement* e encerrada à força em Saint-Anne, de onde fora conduzida para Ville-Évrard, depois para Perray-Vaucluse, no departamento de Seine-et-Oise. Depois de vários estabelecimentos, ela acabara em Sceaux, numa casa de saúde.

– Foram necessários quatro homens para trazê-la de volta à razão. Ela é uma mulher tenaz.

A notícia derrubou Mouchot. Ele procurou às cegas, nos meandros de sua memória, um socorro milagroso, uma mão amigável, mas o imperador estava morto, Verchère de Reffye também, Benoît Bramont desaparecera, Abel Pifre construía elevadores com um certo Otis, um norte-americano que compraria sua patente vários anos depois. Nenhum daqueles que conhecera podia ajudá-lo. Derrotado, isolado de tudo, ele arriscou uma carta à Academia, onde pensou encontrar conforto. Como não recebeu resposta, foi mancando à prefeitura, reclamando a esposa, se queixando, implorando, enquanto repetia com uma voz rasgada "o cansaço de minha mulher" como se dissesse "a beleza de minha mulher, a esmagadora beleza de minha mulher". Nenhum dos gendarmes do 15º *arrondissement* desconfiou que aquele velhinho encurvado, vestido com um simples casaco de lã, de bengala na mão, era cavaleiro da Legião de Honra, fora celebrado por um imperador, ganhara uma medalha de ouro durante a Exposição Universal, pudera calcular o vestígio mais sutil do calor de Paris, registrara as trajetórias mais delicadas dos raios de sol, com infalível precisão. Agora velho e senil, ele se arrastava pedindo que lhe devolvessem uma mulher internada no setor de psiquiatria.

A situação piorou. Durante a detenção de Pierrette, o velho caso dos impostos não pagos chegou a um novo oficial que o classificou como "apreensão e venda". Durante a ausência de Mouchot, ele entrara em sua casa com o comissário do bairro, um certo Buchotte, e iniciara o confisco de seus bens. Quando o velho cientista voltou para casa, abatido, deprimido, cansado de chorar, deu de cara com o oficial. Mouchot o encarou com olhos de espanto. Ele acariciou com mãos trêmulas os objetos familiares apreendidos, vestígios miseráveis de sua vida laboriosa, e murmurou:

– O senhor está me tirando tudo. Não cometi nenhum mal. Trabalhei muito, nada mais. Meus livros também serão apreendidos?

Havia em sua voz uma emoção tão comovente que, diante da sinceridade daquele desespero, o comissário ordenou:

– Os livros serão respeitados.

Depois que todos se retiraram, Mouchot se viu sozinho, sem recursos, em seu lar desnudo, abandonado à própria tristeza. Sentou-se diante da porta onde ele mesmo, alguns anos antes, se apresentara mendigando um quarto, e ficou ali, derrotado pelo destino, quase sem se mexer, com a alma perdida.

De repente, com o que lhe restava de visão, ele percebeu um cavalo caolho atravessando a rua, com a cabeça inclinada para um dos lados, para enxergar melhor por onde avançava, e Mouchot se lembrou do dromedário caolho com o qual vivera nas alturas do monte Chélia, na Argélia, nos bosques de cedros acima do deserto. Sentiu em seu coração a emoção dolorosa da lembrança de um breve momento de paz que nunca se repetiu. Voltou a ver a montanha prodigiosa, a planície seca e dourada gritando seu silêncio, com seu perfume de sal, seu sol que amadurecia as tâmaras e as cascas das macieiras, suas dunas de cristas caprichosas, seu céu azul e seus bosques de pinheiros que subiam pela parede vertical das rochas.

Ele sentiu uma vontade súbita de largar tudo, de fugir daquele dia horrível e caminhar até o mar. De atravessar as montanhas e os portos, percorrer mil quilômetros de Mediterrâneo a nado e, lá, do outro lado, correr até o monte Chélia e se queimar de novo. Mas o cavalo sem olho desapareceu, e a miséria parisiense que o cercava, com seus infortúnios e doenças, com suas loucuras e injustiças, o esmagou com tanta força que ele foi se deitar e adormeceu vestido. Encerrou-se no silêncio e, quando voltou a sair, dez dias depois, com a barriga inchada de pão velho e carne seca, não era mais que o fantasma de si mesmo.

Em todo momento de desespero costuma aparecer um anjo. Para Mouchot, foi o sr. Proust, secretário da Sociedade dos Amigos da Ciência, à qual ele pertencia havia onze anos, que tomara conhecimento do "caso

Mouchot", que os jornais tinham comentado quando da internação de sua mulher.

O sr. Proust era um homem pequeno e fleumático, de cabeça muito redonda e queixo pontudo, na casa dos cinquenta anos. Tinha um rosto largo e doce de contornos carnudos, sem nenhuma tensão, e olhos azuis, sob sobrancelhas finas e altas que conferiam a seu olhar algo de desenraizado. Conservava, naquela idade, alguns pensamentos fourieristas e saint-simonianos, vestígios do século anterior, e defendia a ideia de que não se pode fazer ciência sem consciência social.

Ele irrompeu na casa de Mouchot nos primeiros dias do verão. Quando subiu ao andar, descobriu no chão, desordenadamente, louças quebradas, roupas sujas e livros espalhados aqui e ali. Sentado no meio daquela desordem, imóvel, silencioso, o pobre Mouchot chorava a ausência da mulher.

Na mesma hora, ele o conduziu de carruagem ao livreiro Hermann, que conhecia Mouchot havia muito tempo, da época em que este frequentava o livreiro Delaporte. Augustin Mouchot, cansado, ofegante, se segurando na bengala, rogou que ele o acompanhasse:

– Preciso de dinheiro – ele lhe disse. – Poderia vir à minha casa? Gostaria de lhe vender alguns livros.

Chegando à Rue de Dantzig, o livreiro entrou na casa de Mouchot na ponta dos pés para desviar do lixo espalhado no chão. Só precisou de umas olhadas rápidas para avistar nas prateleiras vacilantes uma edição *princeps* dos *Acta Mathematica*, de Isaac Newton, e um exemplar de *As paixões da alma*, de René Descartes, publicado um ano antes de sua morte, em velino marfim, com encadernação de época. Ele folheou os volumes, cheirou o papel, triou, calculou e por fim levou, por um adiantamento de duzentos francos, uma quantidade tão grande de livros que precisou chamar um jovem aprendiz que chegou com uma velha charrete. Dez anos depois, quando a estante de livros de Mouchot foi desmantelada, foram encontradas apenas duas velhas brochuras de estudos geométricos, alguns volumes em papel marmorizado com o couro da encadernação roído por traças, e algumas páginas rabiscadas por uma mão impaciente, reunidas num feixe de folhas com tinta verde, dedicadas à representação dos "imaginários".

Foi mais ou menos nessa época que o sr. Proust repassou a Mouchot a quantia de 3.385,25 francos, que representavam os atrasos de pensão que ele perdera por causa de Charles Mouchot, e lhe abriu um crédito extraordinário por conta da Sociedade. Ele contratou operários que fizeram os consertos necessários. Arrumou pessoalmente os papéis de Mouchot, retirou do montepio os lençóis e os objetos penhorados por Pierrette, e encarregou uma camareira de raspar, varrer e lavar de alto a baixo toda a casa. Tomou em suas mãos os interesses de Mouchot, paralisados por ordem judicial, depositou os atrasados de sua aposentadoria, que, segundo ele, Pierrette deixara acumular por três anos. Mouchot lhe confiou o dinheiro que recebera da venda dos livros, também lhe passou o produto de suas ordens de pagamento e dos vales postais, chegados à Rue de Dantzig depois da publicação de artigos nos jornais. Mas embora a situação parecesse melhorar aos poucos, Augustin Mouchot chorava o dia todo e repetia a mesma coisa:

— Só quero que me devolvam minha mulher.

Três semanas depois, nos últimos dias de julho, Pierrette foi solta. Quando saiu da casa de saúde, estava mais desconfiada que nunca. Voltou para casa num estado de extrema raiva. Ao anoitecer, e durante o resto da noite, ela revirou a casa como se quisesse purificá-la dos demônios de sua ausência, mudou os móveis de lugar, mexeu em tudo, degolou a última galinha e, com seu sangue, fez uma mistura espessa de sabão que utilizou para lavar as paredes. Ela bloqueou a porta de entrada, convencida de que as pessoas da Academia viriam interná-la de novo, e só saía de casa por um respiradouro.

Às vezes, alguém vinha bater à porta. Ela proibia Mouchot de abrir. Fosse a polícia, os amigos, o limpador de latrinas, o carteiro, a família, ela não respondia a ninguém. Mouchot dormia no primeiro andar, ao fim de um corredor, numa cama de lençóis manchados de sangue e suor, a barriga cheia de sobras de carne compradas com desconto. Pierrette, que se ausentava com frequência, visitava regularmente o Ministério Público, com uma obstinação doentia, para prestar queixa contra intrusos ou vizinhos, convencida de estar cercada de assassinos. Ela recusava tudo o que os "senhores da Academia" queriam fazê-la assinar, e colocou Mouchot contra todo mundo.

— Você se dá conta? – dizia. – Você deu sessenta anos de seu gênio a esse país, e é assim que eles agradecem.

Ela o convenceu de que ele era vítima de um sombrio complô. Os senhores do Instituto, os oficiais de justiça, o sr. Proust, Abel Pifre, o livreiro Hermann, todos tinham decidido se associar contra ele, a fim de roubar sua propriedade, seus livros, suas patentes. Para protegê-lo, ela jogava fora toda a sua correspondência e o proibia de sair. Ela sempre voltava do mercado com um saco de cascas para as cabras e o marido. Na época, vestia sempre o mesmo xale miserável nas costas e usava uma trança ensebada, grisalha, desgrenhada, que lembrava vagamente uma peruca. Com os olhos arregalados, o coração duro, vigiava constantemente o portão de entrada. Uma tarde, um jornalista do *Méridor* se aproximou, pois estava escrevendo uma matéria sobre o destino dos inventores. Ele tentou abordar Pierrette.

– Senhora Mouchot?

Ela se virou violentamente e seus olhos se esbugalharam. Seu rosto, de cor terrosa, ficou verde.

– Eu fiz o sinal, por acaso? – ela berrou. – O que ele quer, esse daí? Não! Não! Não quero ver ninguém...

Atravessou o pátio e, sem se virar, com um gesto violento, fechou a grade do portão atrás de si. Mouchot não viu nada. De gorro, enrolado numa velha cortina, enfiado numa grande poltrona, o braço dobrado embaixo do queixo, como um homem de cera, ele nem se mexera.

No dia seguinte, o jornalista, que respondia pelo nome de Edmond Bernaert, publicou um artigo que causou sensação. Ele o intitulou: "O caso do sr. Mouchot, em torno de um sequestro".

A leitura do texto deprimiu Mouchot. No final de setembro, ele começou a tossir. No primeiro dia, dormiu dezoito horas seguidas para tentar erradicar a doença. No segundo dia, porém, teve febres incontroláveis que convulsionaram seu peito como um oceano tentando sair. No terceiro dia, um estertor assustador se fazia ouvir, as paredes tremiam. Pierrette lhe deu um pouco de papoula sonífera e láudano, conseguidos com um feiticeiro basco, para fazê-lo vomitar e diminuir o fogo que o consumia por dentro, mas Mouchot, que não comera nada, começou a dizer coisas incoerentes numa língua estrangeira, e os vizinhos pensaram que Pierrette estava fazendo uma sessão de exorcismo no marido.

Ninguém veio ajudar. Ninguém bateu à porta. Eles ficaram sozinhos, os dois, um escravo do outro, até que um mensageiro apareceu, numa quinta-feira de chuva, com uma mensagem do Institut de France. Pierrette estava ausente. Mouchot, pela primeira vez em muito tempo recebeu aquela nova visita. Ele abriu a carta. O Instituto e a Academia, sabendo-o sem dinheiro e para homenagear seu trabalho, tinham decidido lhe conceder uma distinção tardia, um prêmio prestigioso, coroando assim seu percurso na história da matemática.

No meio daquele naufrágio, um farol acabava de se acender. Mouchot, embora doente, quis comparecer à entrega do prêmio. Em casa, teve dificuldade de encontrar, no fundo de um grande baú de metal, seu único terno, que não usava desde o retorno da Argélia, desgastado pela passagem do tempo, enrolado em jornais do século passado, disputado com as traças que já tinham começado a roer as costuras. Ele tinha perdido tanto peso que as calças estavam largas demais, como se tivessem pertencido a outra pessoa, e precisaram de suspensórios cruzados nas costas com um anel dourado para se manter na cintura. Seu paletó tinha areia do Saara nos bolsos e marcas de uso nas mangas. Ele se deitou na cama, completamente vestido, e foi invadido por uma alegria antiga que pensava ter esquecido.

Era meio-dia da sexta-feira, 4 de outubro de 1912. Mouchot sentiu seu coração parar de bater. Pela janela, viu o monte Chélia no deserto argelino pela última vez, tão claro e tão nítido que teve a impressão de que um raio de luz empoeirado passava por entre as cortinas. E fechou os olhos.

A morte de Augustin Mouchot se deu no exato momento em que Pierrette voltou do mercado e entrou em casa. Quando ela subiu ao primeiro andar, ele estava deitado, lívido, de terno, com o rosto voltado para a luz de outono, como se esperasse por aquilo desde sempre. A única coisa que ela encontrou com ele, no bolso interno do paletó, foi um quadradinho de papel amarelado, no qual estava escrita uma frase com tinta apagada, que ela nunca entendeu:

Embora pareça, não estou morto.

Este livro foi composto com tipografia Adobe Garamond e
impresso em papel Off-White 80 g/m² na Formato Artes Gráficas.